MINISTÈRE DU COMMERCE, DE L'INDUSTRIE
ET DES COLONIES

EXPOSITION UNIVERSELLE INTERNATIONALE DE 1889
À PARIS

RAPPORTS DU JURY INTERNATIONAL

PUBLIÉS SOUS LA DIRECTION

DE

M. ALFRED PICARD

INSPECTEUR GÉNÉRAL DES PONTS ET CHAUSSÉES, PRÉSIDENT DE SECTION AU CONSEIL D'ÉTAT
RAPPORTEUR GÉNÉRAL

CLASSE 12. — Épreuves et appareils de photographie

RAPPORT DE M. LÉON VIDAL

PROFESSEUR À L'ÉCOLE NATIONALE DES ARTS DÉCORATIFS

PARIS

IMPRIMERIE NATIONALE

M DCCC XCI

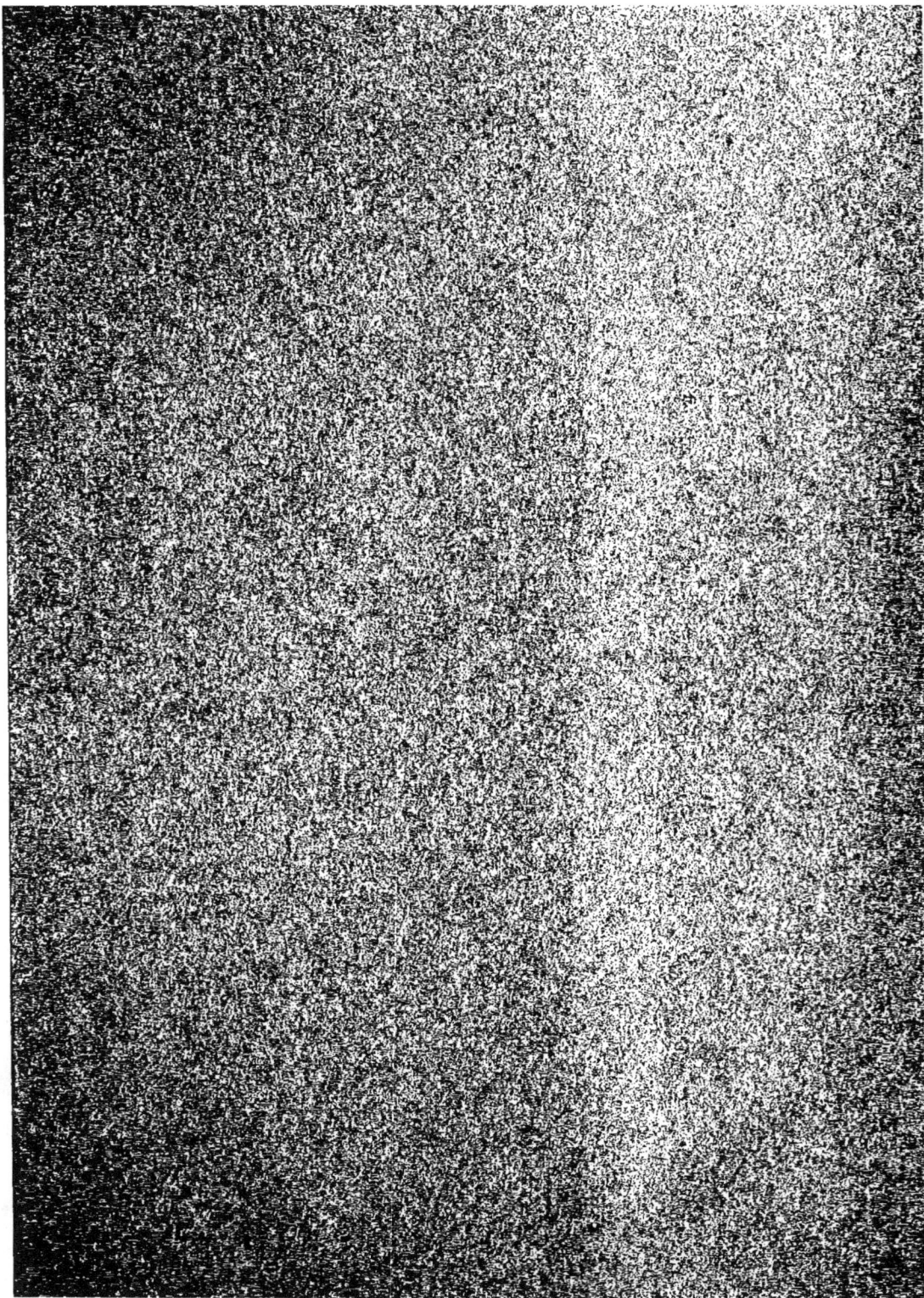

CLASSE 12

Épreuves et appareils de photographie

———

RAPPORT DE M. LÉON VIDAL

1478

4·V
3200

MINISTÈRE DU COMMERCE, DE L'INDUSTRIE
ET DES COLONIES

EXPOSITION UNIVERSELLE INTERNATIONALE DE 1889
À PARIS

RAPPORTS DU JURY INTERNATIONAL

PUBLIÉS SOUS LA DIRECTION

DE

M. ALFRED PICARD

RAPPORTEUR GÉNÉRAL DES PONTS ET CHAUSSÉES, PRÉSIDENT DE SECTION AU CONSEIL D'ÉTAT
RAPPORTEUR GÉNÉRAL

CLASSE 12. — Épreuves et appareils de photographie

RAPPORT DE M. LÉON VIDAL

PROFESSEUR À L'ÉCOLE NATIONALE DES ARTS DÉCORATIFS

PARIS

IMPRIMERIE NATIONALE

M DCCC XCI

COMPOSITION DU JURY.

MM. Davanne (A.), *Président*, président du Comité d'administration de la Société française de photographie, membre du jury des récompenses à l'Exposition de Paris en 1878............................... France.

England (W.), *Vice-Président*, membre du Conseil d'administration de la Société britannique de photographie, membre du jury des récompenses à l'Exposition de Paris en 1878........................... Grande-Bretagne.

Vidal (Léon), *Rapporteur*, professeur à l'École nationale des arts décoratifs, président du Syndicat général de la photographie, médaille d'or à l'Exposition de Paris en 1878............................ France.

Pricam (E.), photographe à Genève, *Secrétaire*.... .... Suisse.

Bilbaut (Th.), membre du Conseil supérieur de l'Exposition permanente des colonies... Colonies.

Hastings (Chas. S.).. États-Unis.

Darlot, fabricant d'instruments d'optique, membre du Conseil municipal de la ville de Paris.................................... France.

Lévy, photographe, médaille d'or à l'Exposition de Paris en 1878...... France.

Braam (J. A. D. Van), *suppléant*, photographe amateur............. Pays-Bas.

Audra, *suppléant*, photographe amateur, médaille d'argent à l'Exposition de Paris en 1878.................................... France.

Braun (Gaston), *suppléant*, photographe des musées nationaux, médaille d'or à l'Exposition de Paris en 1878....................... France.

Chéri-Rousseau, *suppléant*, photographe, médaille d'or à l'Exposition de Paris en 1878.. France.

EXPERTS.

Chardon (A.).. France.

Gilles.. France.

Guilleminot.. France.

HORS CONCOURS.

MM. Vidal (Léon), Darlot, Lévy (Georges), membres du jury; Audra, Braun (Gaston), Chéri-Rousseau, membres suppléants du jury; Gauthier-Villars, membre du jury dans une autre classe (IX); Gilles, Guilleminot, experts.

ÉPREUVES
ET APPAREILS DE PHOTOGRAPHIE.

CHAPITRE PREMIER.
CONSIDÉRATIONS GÉNÉRALES.

Il nous paraît inutile de refaire ici l'historique soit de l'invention, soit des progrès successifs de la photographie. Il peut suffire de la reprendre au point de départ tout naturel qui remonte à l'Exposition universelle internationale de 1878.

L'état de la photographie à cette époque a été nettement indiqué dans le remarquable rapport fait par notre savant collègue M. A. Davanne, au nom du jury de la classe 12, à cette exposition, et nous n'avons qu'à nous reporter à ce travail, si complet et si intéressant, pour en déduire, par comparaison avec l'état actuel de la photographie, les changements qui ont pu se produire dans la pratique, de même que dans les applications de cet art, dans la période de onze années qui s'est écoulée entre les deux Expositions universelles de 1878 et de 1889.

Les progrès accomplis durant ces onze années ont été tels, disons-le tout de suite, que pouvait le faire prévoir l'examen attentif des résultats exposés en 1878. On espérait alors voir l'art photographique, si honorablement représenté aussi bien dans la section française que dans les sections étrangères, prendre rapidement un nouvel essor vers de plus grands perfectionnements quant aux méthodes, vers des applications plus nombreuses et plus considérables; on allait jusqu'à entrevoir la découverte des impressions directes en couleurs. Si les espérances d'alors ne se sont pas toutes réalisées, on aurait tort d'affirmer que l'art du dessin par la lumière n'a pas encore progressé dans une certaine mesure. Il a de plus donné naissance à de nouvelles applications industrielles et scientifiques d'un haut intérêt, celle notamment qui est relative à la photographie des étoiles et à l'établissement d'une carte du ciel dans des conditions de pénétration, à travers les profondeurs de l'espace, qui l'emportent sur l'emploi de tous les autres instruments d'optique astronomique les plus parfaits.

Ce qui frappe le plus l'attention, c'est que, grâce à de nouveaux procédés dont nous allons avoir à parler, l'emploi de la chambre noire s'est déjà considérablement répandu dans toutes les classes et qu'il tend à se vulgariser bien davantage encore.

L'emploi de plaques d'une très grande sensibilité, des plaques dites *au gélatino-bro-*

mure d'argent, que l'on fabrique industriellement partout et que l'on peut se procurer à des prix vraiment accessibles à tous, a été la principale cause de cette expansion de la photographie.

Cette méthode était connue déjà en 1878, mais elle n'était pas représentée à l'Exposition universelle de cette année-là, tandis que la majeure partie des œuvres exposées en 1889 ont été obtenues sur des plaques à la gélatine.

C'est dans l'application de cette méthode que gît surtout la différence qui existe entre nos deux dernières Expositions universelles.

Le collodion, qui régnait encore en maître en 1878, n'a pourtant pas été absolument remplacé par la gélatine comme véhicule du produit sensible à la lumière : son réseau plus serré se prête mieux que celui de la gélatine à la production de négatifs propres à la photolithographie et à la photogravure; il donne des traits doués d'une acuité plus grande, des blancs ou parties translucides plus vitreux, moins voilés; de là, la plus grande finesse nécessaire à ces applications spéciales; de là, les oppositions mieux tranchées, plus nettement accusées du blanc au noir.

Des tentatives ont été faites, en Angleterre notamment, dans la maison England, pour trouver une préparation de gélatine susceptible de remplacer le collodion dans les cas auxquels il vient d'être fait allusion, mais, jusqu'à ce que les résultats obtenus avec des produits de cette sorte aient réellement et notoirement fait leurs preuves, il est bien permis de considérer le collodion comme le meilleur, sinon comme le plus rapide, des véhicules des composés sensibles à la lumière. Si déjà le cliché sur gélatine paraît impropre aux travaux de photogravure, comment concevrait-on la possibilité d'employer, pour les applications spéciales, des négatifs sur gélatine pelliculaire en imprimant l'image sur le bitume ou l'albumine bichromatée à travers l'épaisseur de la pellicule?

Il s'est produit un autre progrès très important dans la voie des applications pratiques de la photographie :

C'est celui qui est relatif à la correction, à l'aide de préparations spéciales, de la luminosité des couleurs que les procédés ordinaires rendent d'une façon erronée. Tout le monde le sait et les artistes l'ont souvent déploré, la plaque sensible ordinaire, quel que soit le véhicule, collodion ou gélatine, est plus rapidement impressionnée par les rayons bleus et violets que par les rayons rouges, orangés, jaunes et verts.

La reproduction d'une œuvre d'art, d'une peinture, se trouve donc entachée d'inexactitude quant au bien rendu des tonalités relatives. Ainsi les parties lumineuses du tableau, celles qui s'y trouvent représentées par des colorations jaunes, vertes, oranges et rouges, seront traduites, dans la reproduction photographique, par des valeurs plus sombres que les violets et les bleus, qui, eux, s'y montreront avec une luminosité ou une clarté supérieure à celle de la réalité.

Combien de fois nous est-il arrivé d'entendre exprimer le regret que ce merveilleux moyen de copie se trouvât en défaut quant aux valeurs relatives de tons? Eh bien, ce vice que l'on croyait organique, qui constituait, à l'encontre de la photographie, un des griefs les plus sérieux et les mieux fondés; ce flagrant délit d'erreur dont l'accusaient les artistes, alors que leurs œuvres n'étaient encore reproduites qu'imparfaitement, tout cela n'était imputable qu'à l'emploi de préparations défectueuses ou tout au moins incomplètes.

Il s'agissait d'arriver à reproduire une œuvre, un sujet polychrome, avec ses effets de luminosité tels que les perçoit l'œil, tels que les rend un artiste interprétant son modèle à l'aide du pinceau ou du crayon.

On devait, en somme, parvenir à peindre directement en grisaille par la photographie au lieu d'imiter l'exemple de certaines maisons industrielles qui, pour obvier à cette imperfection de la photographie, commençaient par faire exécuter par le pinceau, et d'après des tableaux, des grisailles que l'on reproduisait ensuite par la photographie.

De la sorte se trouvait corrigée l'erreur relative aux tonalités, mais, résultat peut-être plus inférieur encore, la photographie ne servait plus qu'à copier une œuvre d'interprétation substituée à l'original.

Actuellement il n'est plus nécessaire de suivre cette voie indirecte et d'ailleurs susceptible de conduire à des imperfections certainement plus graves. L'œuvre de copie peut être absolument directe avec toutes les valeurs relatives de l'original, et par suite elle possède un caractère d'exactitude et d'authenticité bien autrement considérable. Il suffit, pour réaliser ce perfectionnement, de préparer les couches sensibles de façon à exalter davantage leur sensibilité pour les rayons d'une action trop faible sur les préparations ordinaires et à ralentir ou à modérer l'activité trop grande des rayons bleus et violets.

Grâce à d'importants travaux de recherches et à l'emploi savamment réglé de certaines substances (ce sont en général des matières colorantes extraites du goudron de houille), on est parvenu à corriger les plaques ordinaires et à leur donner la propriété d'être impressionnées par les diverses tonalités polychromes, comme l'est l'œil lui-même. L'art spécial qui consiste à peindre en grisaille sur les plaques photographiques à l'aide de la lumière est désigné par des noms divers, qui sont entre autres : *isochromatisme, orthochromatisme, orthoscopie, actinoscopie.* Quelle que soit la valeur du mot, l'idée qu'il exprime est celle de la correction, du redressement des tonalités rendues faussement par les préparations sensibles dites *ordinaires.*

Bien que cette méthode soit aujourd'hui suffisamment connue, car elle a fait l'objet de bien des publications, on ne pourrait affirmer qu'elle soit encore assez répandue dans la pratique courante. Les préparations spéciales qu'elle implique sont pourtant d'une très grande simplicité et il semblerait qu'un progrès aussi considérable aurait dû s'imposer d'emblée à quiconque pratique la photographie; mais on est loin d'en être là et l'examen attentif de toute notre exposition photographique nous a montré à peine quelques rares applications de l'orthochromatisme.

Quoi qu'il en soit, ce complément indispensable de l'art des reproductions poly-chromes ne tardera pas à se vulgariser et bientôt il s'ajoutera à toutes les préparations sensibles autres que celles destinées aux reproductions de sujets noirs et blancs ou monochromes.

Et alors se trouvera toujours atteint le degré maximum d'exactitude auquel doit conduire l'emploi des procédés photographiques.

Un autre fait nouveau, dont il n'a pas été question à propos de l'Exposition de 1878, est celui qui est relatif à la transformation des épreuves photographiques à demi-teintes en clichés typographiques, c'est-à-dire susceptibles d'être intercalés dans la composition typographique et d'être tirés, imprimés en même temps que le texte.

C'était là un desideratum, objet depuis assez longtemps de nombreuses études et recherches. En 1878, de remarquables spécimens de phototypographie avaient été exposés; mais ils n'étaient tous que la représentation de sujets au trait. Depuis cette époque, de très grands progrès ont été faits dans la photogravure en relief, et le plus important de tous est celui qui est relatif à la phototypographie à *demi-teinte*.

On sait que le cliché typographique ne reçoit et ne transmet l'encre, lors de l'impression, que sur les parties en relief de la planche gravée; il en résulte que les images imprimées ne sont formées que d'espaces absolument blancs et absolument noirs; il n'y existe aucune teinte dégradée continue.

Le graveur sur bois, le graveur au procédé chimique sur métal, dirigent toujours leur travail, leurs opérations, de façon à réaliser l'effet voulu à l'aide de tailles ou de points plus ou moins serrés, plus ou moins distants. C'est ce même effet qu'il s'agissait d'obtenir d'après une photographie à modelés continus et sans l'intervention du burin ou de la pointe sèche.

Grâce à divers artifices, produisant tous un résultat analogue, soit la transformation dont il est ici question, une image à modelés continus qu'on ne pourrait reproduire et imprimer photomécaniquement qu'à l'état de planche hors texte due, par exemple, à la photocollographie ou à la photogravure en creux, peut être convertie en un cliché phototypographique d'une parfaite ressemblance à l'image originale, et être imprimée simultanément avec le texte.

Ces procédés ne cessent d'être perfectionnés et ils arriveront certainement à produire mieux encore que ce qu'il nous est donné déjà de voir et d'admirer. Cette application est bien une des plus utiles de la photographie; elle est de celles que l'on pouvait entrevoir comme possibles dès les premiers pas dans la voie de la photogravure, mais pourtant il est bien permis de dire que les espérances ont été de beaucoup dépassées.

L'artifice consiste à faire voir l'image comme à travers un grillage de lignes ou un réseau de points. On a trouvé bien des moyens de réaliser cet effet. Il en est un, par exemple, qui consiste à tirer, par contact, un diapositif d'un cliché négatif, puis à placer ce diapositif en arrière (mais en contact intime avec lui), soit d'un réseau simple, transparent, formé de lignes parallèles très serrées, soit d'un réseau double de lignes parallèles, mais se coupant en croix ou diagonalement.

Cet ensemble est disposé, de façon à être bien éclairé, en avant de l'objectif d'une chambre noire, dans laquelle s'effectue la reproduction du diapositif vu à travers le grillage ou le réseau.

Par un fait d'optique singulier et vraiment précieux en la circonstance, l'image négative, imprimée dans la chambre noire, ne présente plus aucune demi-teinte continue, mais elle est formée d'une succession de lignes ou de points plus ou moins serrés ou épais, comme le sont les hachures ou points d'une gravure exécutée par un artiste.

Par d'autres moyens, absolument différents, on est parvenu au même but, et le jour n'est pas loin où, pour les représentations de la nature, des œuvres d'art et des dessins scientifiques, il ne sera plus fait emploi, pour les impressions typographiques, que de cette méthode de gravure. Ce progrès permettra la vulgarisation à bas prix de tous les travaux d'utilité, de toutes les reproductions artistiques.

On a, à ce propos, exprimé, et quelquefois avec beaucoup d'amertume, le regret que la gravure au burin ait été tuée par la photogravure.

Évidemment les beaux burins deviennent de moins en moins nombreux au grand désespoir des collectionneurs d'estampes.

Mais ce n'est là qu'une situation transitoire; les collectionneurs de l'avenir songeront davantage à l'œuvre dont ils auront une copie, en se préoccupant moins de la façon dont elle est copiée. À notre sens, il y aura profit, au point de vue du but final, à remplacer un art d'interprétation par un moyen de copie plus fidèle, plus authentique.

Dans une belle gravure d'après l'œuvre d'un maître, il existe deux points distincts : d'une part, le talent du graveur; d'autre part, l'exactitude du rendu.

Le premier peut être incontestable; quant à la vérité de la copie, elle est, elle doit être toujours plus ou moins discutable. La photogravure, sans pourtant mériter qu'on oublie la science et l'habileté déployées pour sa mise en pratique, nous donne une certitude plus complète de la fidélité de la copie; elle est, non pas un moyen d'interprétation, mais bien le reflet même de l'œuvre copiée.

Cela est tellement précieux, et les artistes le reconnaissent si bien, que l'on en est venu à établir, au Louvre, une *chalcophotographie,* bien qu'il existât déjà une chalcographie, et, de fait, il suffit de se procurer certaines des gravures de la chalcographie, si parfaites soient-elles, et de les comparer avec des photogravures des mêmes sujets, pour avoir tout de suite la preuve que le maximum d'exactitude se trouve dans les œuvres dues à la photographie.

L'exécution des travaux de *chalcophotographie* a été confiée, avec raison, à la maison Ad. Braun et Cᵉ. Le choix de cette maison ne pouvait être meilleur; il suffit de voir les œuvres si remarquables exécutées par MM. Braun et Cᵉ pour être convaincu de leur habileté opératoire et de la conscience artistique avec laquelle ils recherchent le meilleur moyen de rendre les œuvres des maîtres avec la plus grande perfection possible.

La mise en pratique rationnelle des procédés orthochromatiques leur permet de reproduire, avec l'effet exact de leurs luminosités, les œuvres polychromes, et ils arrivent à nous en montrer des copies absolument fidèles, au coloris près, et dans lesquelles les valeurs relatives des couleurs diverses ont leur tonalité vraie.

De plus, leur tirage, exécuté au charbon ou aux encres grasses par divers procédés qu'ils pratiquent à merveille, assurent à toutes ces reproductions une durée égale à celle des estampes de la chalcographie. L'œuvre considérable de cette maison est un grand honneur pour la France; nous ne pouvons moins faire que de payer à ces exposants hors concours le tribut sincère de notre entière admiration.

Oui, la gravure d'interprétation a reçu un coup mortel; mais où est le malheur, puisqu'il en résulte à la fois un rendu plus vrai et une vulgarisation plus facile?

Quant à la gravure de création, à la gravure originale, elle n'a rien perdu de ses droits à l'estime de tous, quand elle s'exécute dans des conditions d'habileté manuelle et de goût et de composition artistique qui en font de véritables œuvres d'art. La photogravure ne peut porter atteinte à ces sortes d'œuvres, pas plus que la photographie, moyen de copie par excellence, ne peut nuire aux œuvres de conception, aux travaux d'art dans lesquels la main exécute ce que le cerveau conçoit.

Elle a bien assez à faire, au sein des applications de toute nature qui sont de son domaine, et elle ne saurait prétendre à un autre rôle que le sien et qui consiste à fournir avec fidélité la représentation de toutes choses et à en produire un nombre illimité de copies.

Puisque nous passons en revue les divers progrès accomplis depuis 1870, nous devons une mention toute spéciale à la photographie dite *instantanée*.

Déjà, à cette époque, la question était de celles dont on s'occupait avec l'espérance d'une solution prochaine; de certains faits de photographie instantanée étaient même cités, mais ils étaient rares; ils s'étaient produits dans des conditions d'un éclairage exceptionnel, en reproduisant, par exemple, le soleil directement, ainsi que le faisait M. Janssen (de l'Institut) à l'Observatoire d'astronomie physique de Meudon; on arrivait à des durées d'exposition qui n'excédaient pas un millième de seconde; des vues diverses d'après nature, des portraits même étaient obtenus dans des fractions de seconde. Ces résultats constituaient alors des raretés; mais depuis, quel changement et quels progrès dans cette voie!

Le plus grand nombre des épreuves de plein air sont des vues prises instantanément, et celles obtenues dans l'atelier, ou en faible lumière, n'ont exigé généralement qu'une durée de pose de quelques secondes au plus.

La minute du collodion est devenue la seconde avec la gélatine, et même, en opérant avec des objectifs à large ouverture et à court foyer, arrive-t-on à ne poser plus que des dixièmes et des centièmes de seconde. Aussi le matériel photographique s'est-il mis en harmonie avec ces méthodes opératoires si rapides.

L'obturateur instantané est devenu l'accessoire indispensable de l'outillage photographique et il est peu d'instruments qui aient autant que celui-là, tant ses variétés sont nombreuses, mis en travail le cerveau des inventeurs. Les chambres noires à main, dites *chambres détectives*, ou autres analogues, se sont multipliées à l'infini, et le plus souvent elles ne servent qu'à faire de la photographie instantanée.

Cette grande sensibilité des produits photographiques actuels a de beaucoup élargi le champ des applications de ce moyen de copie et étendu le nombre des services qu'il peut rendre à la science et à l'art.

Nous pouvons citer notamment les beaux travaux de M. Marey, dans lesquels intervient la photographie, — si merveilleusement douée pour y voir vite, tout en fixant nettement ce qu'elle voit, — pour l'étude des lois du mouvement; la photographie en ballon de M. G. Tissandier, et d'autres encore; la photographie par cerf-volant de M. Batut; les travaux de M. Muybridge et de M. Anschutz pour la reproduction des animaux; travaux si utiles aux artistes pour leur montrer telles attitudes dont l'œil ne perçoit ou ne retient que des moyennes.

A ce point de vue, des critiques ont été adressées à la photographie instantanée; les uns ont dit que ces sortes de représentation de sujets ou d'êtres en mouvement, pris sur le fait, ne donnaient pas une idée exacte du mouvement. L'exemple a été cité d'une voiture en marche rapide dont les roues, dans la photographie instantanée, paraissent immobiles tant leurs rayons sont nettement reproduits. La convention veut qu'un dessinateur donne, en pareil cas, la sensation du mouvement en indiquant les rayons des roues avec un certain vague, ainsi que voit l'œil par le fait de la persistance sur la rétine des parties d'un même objet se succédant rapidement; les rayons d'une roue animée d'un mouvement rapide forment une sorte de plan continu et l'œil n'arrive pas à isoler, à distinguer chaque rayon isolé.

Dans le cas d'un véhicule, mis en mouvement par une machine, il est bien certain que l'objet aura été d'autant mieux reproduit qu'il semblera plus immobile; mais si, en avant du véhicule, se trouve un attelage, les attitudes des chevaux, le moment de la reproduction ayant été bien choisi, indiqueront bien le mouvement sans le moindre doute possible.

Il se peut que, parmi les reproductions instantanées, il s'en trouve de déplaisantes au point de vue artistique. L'attitude du cheval au galop, alors que ses quatre fers sont presque réunis à se toucher, n'est pour ainsi dire jamais perceptible à l'œil et, saisie au vol par la photographie, elle produit un effet désagréable, contraire, tout au moins, à la convention. Mais est-ce à dire qu'un artiste soit obligé de s'inspirer de ces cas particuliers? Dans la reproduction photographique des chevaux dans toutes les allures, il en est de fort agréables qui ne choquent en rien les conventions et qui peuvent, avec succès, être choisies pour modèles, d'autant mieux qu'elles ont en outre le mérite indiscutable d'être vraies.

En toutes choses, il faut éviter d'être trop absolu. Les reproductions instantanées peuvent parfois présenter des côtés défectueux, mais elles n'en sont pas moins une des plus remarquables et des plus utiles applications de la photographie. Il n'y a, pour en avoir la conviction, qu'à examiner les superbes reproductions de cette sorte exposées par MM. Grassin, Bucquet, Hieckel, Gabriel, Famin (d'Alger) et bien d'autres encore.

Elles permettent d'enregistrer des phénomènes que l'œil, dont la rapidité de vision n'est guère que d'un dixième de seconde, ne pourrait voir; et quand elles ne produiraient que ce résultat, il est aisé de concevoir tout le parti que peuvent tirer la science et l'art d'une méthode d'enregistrement aussi prompte et aussi vraie. Libre au savant et à l'artiste de faire choix, parmi les faits fixés, de ceux qui peuvent le mieux satisfaire, soit au point de vue de la constatation désirée, soit au point de vue de l'harmonie des lignes et de l'aspect agréable. C'est là pure question de goût, matière sur laquelle on ne saurait discuter.

Tels sont les progrès les plus saillants accomplis depuis une dizaine d'années.

Quant aux procédés, pratiqués déjà en 1878, ils ont pu sinon se perfectionner beaucoup, tout au moins se vulgariser davantage, à une exception près pourtant.

Ainsi la photocollographie (phototypie alors) n'était mise en pratique que dans quelques ateliers; elle est devenue depuis d'un emploi plus industriel; nous avons parlé de la phototypogravure à demi-teintes; quant à celle au trait, elle a pris une extension de plus en plus grande.

La photogravure en creux s'est maintenue à peu près au même niveau. Nous avions alors en première ligne les belles planches de la maison Goupil et Cie et celles de la maison Dujardin.

Actuellement nous en sommes à peu près au même point; mais il est vrai de dire que, dans cette voie, les résultats obtenus en 1878 étaient déjà tellement supérieurs qu'il semblait difficile d'arriver à faire mieux.

La maison Boussod, Valadon et Cie (successeurs de Goupil et Cie) semble avoir abandonné le procédé de photogravure par voie de moulage galvanoplastique, qui a été remplacé, sous l'habile direction de M. Manzi, par l'aquatinte photographique. Ce dernier procédé n'en produit pas moins des œuvres superbes.

L'exception à laquelle nous avons fait allusion est relative à la photoglyptie (woodburytypie). Plusieurs maisons qui pratiquaient avec succès ce procédé si remarquable l'ont abandonné, et l'on compte à peine, en France, deux ateliers, ainsi qu'on le verra plus loin, où l'on fait de la photoglyptie.

Cet abandon s'explique par le fait de l'impossibilité d'imprimer avec marges, ainsi que cela a lieu avec les autres procédés photomécaniques.

Les éditeurs ne veulent pas de ces planches qui, par suite du jeu de la gélatine, ne peuvent conserver leur état plan.

Diverses applications d'un grand intérêt pourraient pourtant être faites de la photoglyptie à la décoration d'objets usuels, à la création de diaphanies, etc., et il serait à désirer que des essais fussent tentés dans cette voie; nous avons la conviction qu'ils seraient couronnés de succès.

Les impressions chimiques sont à peu près ce qu'elles étaient en 1878. Pour les citer rapidement, nous mentionnerons le procédé dit *au charbon* que l'on emploie dans certaines maisons d'une façon remarquable; il n'a été l'objet d'aucune modification, d'aucun perfectionnement, sauf toutefois par le fait de M. Artigue fils, auteur d'un procédé très curieux d'impression directe et dans son vrai sens sur un papier recouvert d'une poudre charbonneuse.

Les impressions basées sur la sensibilité à la lumière de certains sels de fer et donnant des images soit bleues, soit noires ou à peu près, sont devenues d'un usage plus général encore dans les administrations et ateliers de construction; rien de bien nouveau les concernant.

En dépit des tentatives faites pour acclimater un procédé d'impression au platine, donnant des images d'une stabilité mieux assurée, les tirages sur papier albuminé, sensibilisé au chlorure d'argent, sont toujours et de beaucoup en plus grand nombre: on sait qu'elles sont instables, que leur éclat, leur état de fraîcheur ne résistent pas longtemps à l'action du temps et des agents extérieurs; mais elles sont plus belles au moment où elles viennent d'être exécutées; elles ont plus de profondeur, plus de finesse, un modelé plus harmonieux; de là la préférence qu'on leur accorde malgré leur durée relativement éphémère.

Les impressions au platine, bien que probablement plus durables, ont un aspect froid, une couleur ardoisée qui, d'une façon générale, plaît peu.

Quelques photographes, soucieux de la permanence de leurs œuvres, ont voulu réagir contre l'éclat d'un moment au profit d'une stabilité plus certaine; mais leurs tentatives pour faire accepter par le public des épreuves d'un aspect moins séduisant n'ont pas toujours l'accueil qu'elles mériteraient. Nous avons pourtant constaté que les spécimens d'impressions au platine étaient assez nombreux.

Il est vrai de reconnaître que, jusqu'à nouvel ordre, ces impressions lutteront difficilement contre celles obtenues sur papier albuminé.

Un autre procédé de tirage chimique, très rapproché, quant aux effets, de celui qui a le platine pour base, s'est ajouté aux diverses méthodes plus ou moins directes d'impressions produites par une action immédiate de la lumière. Nous voulons parler du procédé rapide d'impression sur papier au gélatino-bromure d'argent. Dans ce cas, l'action de la lumière ne se produit qu'à l'état latent et un développement est nécessaire.

Ce procédé produit des images d'un ton et d'un aspect tellement semblables à celles au platine qu'il est souvent difficile, à première vue, d'en déterminer la composition. Un fait qui, jusqu'ici du moins, semble acquis, c'est que les images imprimées sur papier au gélatino-bromure d'argent, formées d'argent réduit pur, sont douées d'une stabilité plus grande que ne l'est celle des images sur papier albuminé. L'avenir seul décidera des conditions de durée afférentes aux images au platine et à l'argent réduit du bromure d'argent.

Mais déjà l'avantage, à ce point de vue si important, semble appartenir de beaucoup aux impressions sur papier au gélatino-bromure sur celles de la photographie courante. Les tirages remontant à quelques années déjà et exposés dans des milieux où les épreuves sur papier albuminé ont été gravement détériorées n'ont subi encore aucune atteinte appréciable.

Est-ce à dire qu'il en sera toujours ainsi? Nous ne le pensons pas, mais, en tout cas, l'action destructrice du temps sera longue à produire son œuvre.

Si nous avions à émettre une opinion au sujet des deux procédés en présence, celui au platine et celui au gélatino-bromure d'argent, nous n'hésiterions pas à prédire aux impressions au platine une plus grande solidité.

Le platine, on le sait, résiste à l'action des principes délétères répandus dans l'atmosphère; mieux que cela encore, il n'est attaquable que par le chlore à l'état naissant, et les acides les plus énergiques, tels que l'acide sulfurique, l'acide nitrique, l'acide chlorhydrique, etc., sont sans aucune action sur lui.

L'argent pur, au contraire, est attaqué par les vapeurs ou gaz sulfureux, par la plupart des acides minéraux et organiques.

Si l'on coupe un fragment d'épreuve au platine et un autre d'une épreuve au gélatino-bromure d'argent et que l'on plonge ces deux fragments dans de l'acide azotique ou acétique ou tout autre, on verra rapidement blanchir le papier portant l'image d'argent, tandis que l'image de platine n'aura subi aucune modification. Pour présenter la chose d'une façon plus compréhensible encore, nous dirons que, *mises au feu,* l'une a résisté à la combustion, tandis que l'autre a été brûlée.

De cette constatation il semble résulter que, sous la réserve de l'action du temps, action encore inconnue, il est permis d'attribuer aux impressions au platine une durée probable au moins supérieure à celle obtenue par tous les composés minéraux, sauf le charbon.

Le procédé au gélatino-bromure d'argent par développement rend surtout de grands services pour les agrandissements. La rapidité de l'impression donne à ce procédé une valeur sérieuse, et sa stabilité relative permet d'espérer qu'une œuvre, d'un prix relativement élevé, ne se trouvera pas exposée, avant un temps assez long, à une destruction semblable à celle qui atteint les impressions sur papier albuminé.

A ce propos, nous croyons devoir exprimer un regret et formuler un vœu.

Le regret concerne les collections destinées à nos musées et bibliothèques. Pourquoi n'exige-t-on pas qu'elles soient imprimées par des procédés indélébiles? Nous citerons, par exemple, le recueil des *monuments historiques.* Quoi de plus utile que de fixer par des moyens assurant leur stabilité les reproductions de ces monuments, anciens déjà, et voués à un dépérissement graduel, sinon à une destruction plus ou moins complète, dans un temps donné.

Les procédés dont les résultats sont absolument durables sont assez nombreux déjà. Nous avons, tout au moins, la photocollographie et la photogravure à l'aide desquelles les impressions sont obtenues à l'encre d'imprimerie à base de charbon. Grâce à ces procédés, la reproduction a toute la valeur d'une impression chimique, mais elle constitue une véritable estampe, susceptible d'être conservée comme toutes les estampes de date déjà ancienne et dont le papier seul a jauni, s'est taché çà et là, mais sans que l'image en ait été altérée.

Nous exprimons donc le vœu que des collections telles que celle qui a été indiquée soient toujours imprimées d'une façon indélébile et qu'il n'entre jamais, dans nos musées et bibliothèques, d'œuvres photographiques imprimées avec des matières colorantes susceptibles de se détériorer.

Nous pourrions citer à l'appui de nos regrets tel musée qui tôt ou tard fera retour à l'État (il en est question) et dans lequel sont introduites annuellement, et pour des sommes importantes, des collections de sujets d'art industriel imprimées tout simplement sur papier albuminé.

On ne devrait pas oublier que le plus grand nombre de ces épreuves est voué à une destruction prochaine et qu'un jour arrivera où l'érudit, le chercheur, en parcourant les albums, en quête de certains modèles, ne retrouveront plus que du papier jauni dépourvu de toutes traces d'image.

A ce point de vue, l'Exposition de 1889, tout en nous montrant un progrès sensible dans la vulgarisation plus grande des méthodes d'impression durable, nous prouve que ce progrès s'affirme avec une très grande lenteur.

C'est aux administrations publiques, c'est aux particuliers de forcer la main aux photographes en exigeant d'eux des reproductions stables.

Combien d'albums industriels, d'intérieurs et d'ateliers, de travaux publics, de micrographies, etc., n'avons-nous pas vus, tous imprimés sur papier albuminé!

Il serait curieux, mais navrant, d'en redemander l'exhibition dans une vingtaine d'années. On n'aurait plus que la preuve, à côté de quelques vestiges encore persistants, d'un dépérissement déplorable.

Une exposition rétrospective de tout ce qui a été reproduit photographiquement devrait être organisée, de même qu'il existe un musée Dupuytren de certaines affections morbides; elle serait le meilleur remède contre l'emploi de procédés d'une valeur purement éphémère pour la plus grande dépréciation morale de la photographie, pourtant capable, aujourd'hui, de produire des œuvres aptes à défier le temps au même degré que les gravures et les publications typographiques anciennes.

On objectera que les clichés ou prototypes négatifs étant conservés, il est possible de remplacer, par de nouveaux tirages, les épreuves détériorées.

L'objection n'a qu'une valeur relative. La plupart des négatifs sont sujets eux-mêmes à se briser s'ils sont sur verre, à se décomposer s'ils sont pelliculaires, à se tacher s'ils ont été mal lavés, à noircir sous l'action des agents sulfureux. Bref, leur conservation dans d'excellentes conditions de durée est fort difficile, et d'ailleurs à quoi bon s'exposer à recommencer une besogne qui, une fois faite, pourrait l'être pour un temps très long, pour des siècles au moins?

CLASSE 12.

Si les procédés photomécaniques ne sont d'une application possible, à cause des premiers frais, que pour des quantités relativement élevées, il existe, pour les cas où des épreuves isolées ou en très petit nombre suffisent, des moyens d'arriver à tout autant de stabilité.

Le procédé dit *au charbon,* par exemple, dont l'Exposition nous a montré de si beaux spécimens, permet ces impressions isolées; la maison Braun, pour ses belles reproductions de tous les musées de l'Europe, fait, avec un succès connu de tous, un admirable emploi de ce procédé qui donne à ses impressions la valeur des plus belles estampes. Certaines maisons dont le portrait est la spécialité (nous citerons en première ligne celle de M. Bellingard, de Lyon) ont appliqué à l'exécution du portrait cette méthode d'impression durable, et de pareilles œuvres l'emportent incontestablement sur toutes autres, non pas seulement, de prime abord, par un aspect plus artistique, mais encore par le fait, vraiment important, d'une conservation indéfinie.

Il est à désirer que de nouveaux progrès soient faits dans cette voie, c'est pourquoi nous y insistons autant.

Il nous coûte d'être obligés de constater qu'à quelques exceptions près, et en dehors bien entendu des applications photomécaniques, l'exposition photographique de 1889 est vraiment encore trop pauvre en spécimens dus aux impressions directes indélébiles.

D'autres considérations d'un tout autre ordre méritent de prendre place ici avant que nous abordions plus directement l'examen des œuvres exposées.

Comme en 1878, et d'ailleurs ainsi que cela se passe dans toutes les manifestations de même nature, il y avait à l'Exposition universelle de 1889, en plus de la classe 12 qui constituait l'exposition photographique proprement dite, une deuxième exposition bien autrement considérable d'épreuves photographiques répandues dans toutes les sections à l'appui des travaux artistiques et industriels afférents à chacune de ces sections.

Plus que jamais, ce témoin indiscutable des faits à prouver ou à montrer a été invoqué pour compléter, par le reflet des objets eux-mêmes fixé sur le papier, des envois que les produits directs auraient rendus trop considérables et trop coûteux.

L'examen officieux de ce grand ensemble d'œuvres photographiques nous a fourni une nouvelle preuve de tous les services que rend l'objectif à toutes les sciences, à toutes les industries. Ce qui nous a le plus frappés, c'est le parti qu'on a tiré de ce mode de reproduction pour transporter, au sein de l'Exposition de Paris, un nombre considérable de vues prises dans nos colonies et de copies ethnologiques.

Nous avons, de la sorte, accompli le plus intéressant et le plus instructif des voyages à travers des régions peu connues et qu'il importe de faire mieux connaître, puisqu'elles sont un champ ouvert à notre commerce et peuvent devenir pour la France métropolitaine une source nouvelle de richesse.

Il serait vraiment trop long d'énumérer tous les documents photographiques exposés par chaque Comité local, par chaque industriel. Il n'est, de cet examen d'un haut et puissant intérêt, qu'une chose à retenir et à regretter : c'est encore, dans la plupart des cas, l'absence de stabilité des documents, par suite de la nature du procédé d'impression employé.

Puisse le rapport de la classe de la photographie, lors de l'Exposition universelle future, signaler dans cette voie un progrès plus considérable !

Si nous voulions entreprendre la nomenclature des applications que l'on peut faire actuellement de la photographie, nous donnerions à cet exposé une étendue trop grande et ce serait, d'ailleurs, une sorte d'empiètement sur la revue de l'exposition de la classe 12, où nous allons, en nous occupant directement des œuvres exhibées, retrouver à peu près la généralité des applications principales. Il est pourtant du domaine de ces considérations de signaler avec un peu plus d'insistance le grand fait astronomique de la reproduction des astres et de l'exécution de la carte du ciel à l'aide de la photographie.

Déjà nous avons eu lieu de dire que, grâce à la grande sensibilité des produits sensibles, l'objectif nous dotait d'une rapidité de vision bien autrement grande que celle de l'œil ; en effet, nous pouvons enregistrer photographiquement des phénomènes accomplis dans une durée de quelques millièmes ou centièmes de seconde, alors que l'œil mélange forcément un ensemble de mouvements successifs n'ayant chacun qu'une durée de quelques centièmes de seconde, et il n'en voit guère que la moyenne ou résultante pour une durée d'environ un dixième de seconde.

Donc rapidité de vision infiniment plus grande, c'était là déjà une admirable conséquence de la découverte de Niepce et de Daguerre.

Mais on est allé plus loin encore ; il a été démontré que le pouvoir de vision de l'objectif s'accroissait avec la durée de la vision ; c'est là un fait qui ne se produit pas pour l'œil : vainement nous regarderions plus longtemps dans la même direction ; il est telle limite imposée à la pénétration de notre vue, même aidée par de puissants instruments d'optique, que nous ne saurions dépasser. En ce qui concerne les étoiles, par exemple, l'on était arrivé, avec les meilleures lunettes astronomiques, à atteindre jusqu'à la collection sidérale de 14ᵉ grandeur. Actuellement, grâce à de remarquables travaux d'observation et d'expérimentation, à ceux surtout de MM. Paul et Prosper Henry, astronomes à l'Observatoire national de Paris, on possède un moyen de pénétration bien plus considérable à travers les espaces infinis. Ces savants ont remarqué qu'en prolongeant la durée de la pose on arrivait à retrouver, sur la plaque sensible, l'impression d'étoiles invisibles jusque-là et à acquérir la preuve incontestable que les points indiqués sur cette plaque étaient bien réellement des étoiles d'une dimension apparente inférieure à celles qui avaient pu être aperçues aux limites extrêmes de la visibilité.

La rétine scientifique (ainsi que l'a appelée M. Janssen, en parlant de la plaque photographique) est donc impressionnée par des rayons d'une subtilité telle, qu'ils ne sont pas perceptibles pour la rétine humaine aidée des plus puissants auxiliaires optiques.

Le champ de vision à travers l'étendue infinie est devenu plus profond puisque nous connaissons maintenant des étoiles de 17e grandeur, alors que nous n'arrivions, précédemment, qu'à la 14e grandeur.

C'est là un fait qui prime, en importance, tous les plus beaux résultats que l'on pouvait espérer de la découverte de la photographie.

« Aussi les astronomes les plus compétents sont-ils unanimes à reconnaître que c'est une transformation complète qui va s'opérer dans l'astronomie et une nouvelle ère qui s'ouvre pour cette science. » (*Amiral Mouchez.*)

Pouvait-on imaginer qu'on en arriverait non pas seulement à voir l'invisible, mais à le voir par son propre enregistrement automatique, exclusif de toute interprétation? Déjà la reproduction des rayons invisibles du spectre solaire avait été une preuve du nouveau et puissant moyen d'investigation apporté à la science par la photographie; mais le fait de l'action directe, si nette, opérée sur une plaque sensible par des rayons lumineux invisibles à l'œil astronomique et dont la source est tellement éloignée de nous que ces rayons mettent, pour arriver jusqu'à la terre, des durées qui dépassent des milliers d'années, voilà, évidemment, qui dépasse tout ce que l'imagination pouvait rêver! Et quelles autres plus étonnantes surprises nous réserve l'avenir!

Il en est, d'ailleurs, de même dans l'étude de l'infiniment petit. Nous avons vu des opérateurs habiles, tel que l'est M. Duchesne, arriver à des impressions micrographiques de 11,000 diamètres, soit 121,000 fois plus grandes que l'original; c'est là un résultat prodigieux qui fait grand honneur au savant français qui, le premier, a pénétré aussi avant dans l'infiniment petit, et il y a vraiment aussi de quoi confondre l'imagination quand on pense que l'on peut photographier un être, assurément imperceptible à l'œil, et en obtenir directement une impression automatique d'une dimension plus de 100,000 fois supérieure à l'original!

Tels sont, retracés en grandes lignes, les principaux faits et progrès à ajouter au tableau déjà bien attrayant que nous a fait admirer le savant rapporteur de l'Exposition universelle de 1878.

Bien que les appréciations qui précèdent nous semblent en parfait accord avec celles de nos honorables collègues du jury, nous croyons devoir pourtant dégager complètement leur responsabilité en l'assumant tout entière pour nous-même. Heureux, d'ailleurs, nous serons s'ils veulent bien la partager avec nous.

CHAPITRE II.

GÉNÉRALITÉS SUR LA CLASSE XII.

Le programme de l'Exposition de 1889 ayant été à peu près la reproduction exacte de celui de 1878, la photographie y a fait partie du même groupe comprenant l'ensemble des arts libéraux; c'était bien là, d'ailleurs, sa place à côté des arts de la gravure, de l'imprimerie et de l'ensemble des arts décoratifs.

On ne pouvait pas, assurément, la ranger parmi les arts de création, puisque son caractère distinctif c'est d'être essentiellement le moyen de copie par excellence.

En dépit des prétentions fondées qu'a l'auteur d'une œuvre photographique à demander une protection légale nettement justifiée, en dépit de la possibilité démontrée d'arriver à faire œuvre d'art avec l'aide de la photographie, on n'en est pas à demander que ce merveilleux art de reproduction soit appelé à prendre place parmi les beaux-arts; à chacun son rang, et notre avis est qu'on ne pouvait en attribuer à la photographie un meilleur que celui qui lui est échu.

Cela ne saurait empêcher la photographie d'être considérée comme un des plus puissants auxiliaires des arts de création, ni même de servir à fixer sur le papier ou la toile des compositions d'une valeur vraiment artistique. Rien ne pourra faire que le moyen d'exécution ne soit mécanique, quel que soit le résultat obtenu et quelle que soit la part due à l'intelligence et au goût de l'opérateur. Il y aura toujours eu copie, reproduction automatique pour ainsi dire, d'un sujet, d'un groupement choisis, éclairés, disposés, par le fait d'une conception artistique; ladite reproduction, en réalité, n'en sera pas moins une œuvre d'art, mais cette œuvre d'art sera toujours distincte, en fait, de celle accomplie de toutes pièces par un artiste. Il importe de réserver à l'idéal une situation première supérieure, et l'idéal ne s'obtient pas par voie de copie, puisqu'il n'existe qu'en pensée ou en conception et jamais en corps, en matière. *Il n'est pas d'essence photographiable.*

De cette constatation à la négation de la valeur artistique de l'œuvre photographique, il y a fort loin et nous croyons que, quant à l'assimilation possible, à un point de vue purement légal, entre les dessins photographiques et ceux obtenus de n'importe quelle autre façon, il ne saurait y avoir d'opposition vraiment sérieuse.

Il s'agit, après tout, d'un droit de propriété à attribuer à des auteurs qui, s'ils n'ont pas fait œuvre immédiate d'intelligence et de création dans toutes les parties d'une exécution photographique, n'en ont pas moins dépensé une somme d'art et réalisé un dessin analogue à toutes les images produites par les divers arts graphiques.

Vouloir distinguer ces sortes de dessins de tous les autres parce qu'ils sont le résultat d'un procédé différent, c'est s'exposer à de regrettables confusions, aujourd'hui surtout où la photogravure intervient de plus en plus dans l'illustration des ouvrages.

Il faut éviter, avant tout, cette singulière anomalie qui se produirait si, l'œuvre littéraire étant protégée dans de certaines limites, il était créé un droit différent pour l'illustration photographique de cette œuvre.

C'est là une considération d'une grande portée et qui, nous aimons à l'espérer, frappera l'esprit de nos législateurs quand ils auront à trancher les délicates questions de la propriété littéraire et artistique et à faire à la photographie un sort légal.

Avant l'admission et l'installation des œuvres envoyées à l'Exposition, quelques membres des comités et aussi de divers groupes photographiques, formés en majeure partie d'exposants, s'étaient demandé si les errements adoptés en 1878, quant au mélange des moyens de travail, du matériel et des résultats, ne pourraient être abandonnés et s'il ne conviendrait pas mieux d'isoler, de séparer, ainsi que cela a eu lieu dans les autres classes, dans celle de l'imprimerie (classe 9), par exemple, les résultats ou œuvres imprimées, du matériel de l'imprimerie proprement dite.

Ce matériel se trouvait groupé en dehors du palais des Arts libéraux; il formait, dans le groupe VI, la classe 58 : *Matériel et procédés de la papeterie, des teintures et des impressions.*

Il est évident que le *matériel des impressions,* quelle qu'en soit la nature, pouvait bien être attribué à la classe 58; mais il a semblé, avec raison, bien plus logique de rapprocher les œuvres produites des outils employés à leur production. La compétence de l'éditeur en matière de librairie peut être distincte de celle des fabricants de presses et de papier et du fondeur de caractères; mais, en fait de photographie, la nature du procédé, la qualité de l'outil ont une telle influence sur la qualité du résultat obtenu, qu'on n'a pas cru qu'il fût sage, ni même possible, de séparer les uns des autres. C'est pourquoi l'on a décidé que les mêmes comités et jury auraient à s'occuper et à connaître de tout l'ensemble du matériel, des procédés, des résultats et des applications photographiques.

Jusqu'à nouvel ordre, il paraîtra sage de confier l'examen des outils et du matériel photographiques à la fois à des constructeurs, d'une part, et à des photographes, d'autre part, sans qu'il soit opportun de faire agir les uns à l'écart des autres.

C'est ainsi que les choses se passent partout et nous pensons que de longtemps encore il sera difficile d'agir autrement.

Une autre question a fait l'objet d'une proposition qui n'a pu rallier la majorité. Quelques membres du jury pensaient qu'il serait peut-être préférable de faire, dans les attributions des récompenses, une distinction entre les praticiens ou professionnels et les amateurs.

Le règlement de l'Exposition ne prescrivait à cet égard aucune marche à suivre, et probablement l'œuvre du jury international eût été acceptée s'il avait présenté deux groupes de récompenses, celles décernées aux professionnels et celles attribuées aux amateurs.

Les partisans de la proposition émettaient l'avis qu'il était difficile de comparer des œuvres exécutées dans des conditions et dans un but différents.

Le professionnel est ou n'est pas l'auteur immédiat des travaux qui portent son nom. Ces travaux constituent son industrie vitale; la nature de la récompense à lui accordée peut être d'une sérieuse importance pour le renom de sa maison, pour le succès de ses affaires, pour la lutte contre la concurrence soit extérieure, soit locale.

Rien de semblable n'existe du côté des amateurs. La photographie est pour eux un objet d'étude ou un moyen de distraction. Leur œuvre totale peut se borner aux sujets exposés, qu'ils ont eu le temps de soigner et de parfaire à loisir. Ils ne vendent pas leurs œuvres, ou tout au moins ils ne sont pas des commerçants. Quelle que soit leur récompense, ils n'ont, sauf du côté de l'amour-propre, ni à en bénéficier, ni à y perdre.

Il y avait donc lieu de se demander pourquoi, vu ces différences, il ne serait pas préférable d'établir deux concours distincts, celui entre professionnels et celui entre amateurs.

Divers précédents, et notamment celui de l'exposition de Florence, où l'on s'est fort bien trouvé de cette distinction, autorisaient à espérer que, si l'essai en était tenté, il donnerait satisfaction à chacun des groupes intéressés.

Les opposants ne voulaient voir que l'œuvre exposée sans s'inquiéter de la provenance, absolument comme la chose a lieu dans les expositions de peinture, où l'artiste amateur concourt avec l'artiste professionnel. Ils ne trouvaient d'ailleurs aucun inconvénient à ce seul groupement.

Sans doute oubliaient-ils que l'on ne peut guère établir de comparaison entre la peinture et la photographie : tout tableau implique, à moins de fraude, un auteur immédiat en nom, tandis que l'œuvre photographique peut être un résultat purement industriel et s'accomplissant en dehors de l'intervention directe de celui qui est en nom.

Quoi qu'il en soit, les errements de 1878 ont été maintenus, mais il était bon que la question fût posée et discutée; dans une autre circonstance peut-être arrivera-t-on à une solution différente. Nous le désirons, pour notre part, parce que de la sorte il sera plus aisé d'arriver à satisfaire, à encourager les amateurs, sans que ces encouragements, même un peu complaisants, puissent porter ombrage aux professionnels.

Nous pourrions emprunter aux faits relatifs à cette exposition des exemples qui nous permettraient d'expliquer mieux notre pensée; mais il faudrait établir une comparaison entre des lauréats, amateurs et professionnels, dont les œuvres ne sont nullement comparables entre elles, eu égard à l'égalité de leurs récompenses dans un seul et même concours.

Une autre question, bien digne d'être examinée attentivement, s'est posée lors de l'admission et de l'installation des envois. Certains photograveurs, et des mieux méritants, ont fait choix de la classe 11 au lieu de se joindre aux photographes.

Le comité d'installation de la classe 12 en a référé à l'administration de l'Exposition, qui a répondu qu'à son avis la photogravure devait faire partie de la classe 12.

Il a néanmoins été passé outre, de telle sorte que les jurys des classes 11 et 12 se sont trouvés en présence d'œuvres similaires et qu'ils ne pouvaient juger avec une égale unité de vues. Il faudrait pourtant bien s'entendre. La photogravure dépend-elle plus de l'art de la gravure proprement dite que de la photographie? Notre opinion est que c'est le point de départ qui joue ici le principal rôle. L'application du procédé de gravure n'est que la suite de l'impression photographique, de la réserve créée sur le métal par la lumière.

Les beaux-arts n'admettent pas la photogravure, précisément à cause de l'origine photographique. Il reste à savoir s'il n'aurait pas été plus sage d'agir comme quelques-uns en exposant à la fois dans les deux classes, mais surtout dans la classe 12, où se trouvait une compétence mieux autorisée pour juger des principes de la photogravure, sinon de ses applications.

En ce qui concerne la nature des récompenses ou mieux leurs degrés distincts, il convient d'expliquer, sans essayer de résoudre cette difficulté, que le jury s'est vu dans l'obligation d'attribuer une médaille d'une même valeur à des œuvres pourtant bien distantes les unes des autres quant à leur mérite.

Ainsi, pour prendre un exemple, il y a eu 43 médailles d'or, les premières résultant du pointage 20 et les dernières du pointage 17; entre ces deux limites extrêmes, la différence entre les produits récompensés est tellement considérable, qu'il est regrettable de n'avoir pas eu tout au moins une médaille intermédiaire, celle de vermeil, pour tenir compte de ces différences et se rapprocher davantage d'une appréciation exacte.

Le rapporteur de 1878 s'est demandé s'il ne serait pas préférable de donner, « ainsi qu'on l'a fait en Angleterre et en Autriche, des récompenses d'une valeur sensiblement égale, en réservant quelques distinctions hors ligne pour ceux des exposants dont les inventions ou les services profitent à la généralité ».

La question est de celles qu'il importe d'étudier en vue des prochaines expositions. Il ne nous appartient pas de formuler à cet égard des propositions susceptibles d'être discutées, mais nous ne pouvions nous dispenser de nous faire l'écho d'opinions que nous trouvions nous-mêmes fort justes.

L'écart entre les œuvres et la similitude entre les récompenses, tel est le point de vue à examiner pour y porter remède, si possible.

Les récompenses d'une valeur *sensiblement égale* ne deviennent plus que des sortes de jetons de présence, des médailles commémoratives, et ce ne sont plus, à vrai dire, des récompenses. Il y a donc, selon nous, à chercher entre les deux systèmes, et nous pensons que mieux vaudrait accroître le nombre des degrés distinctifs en dédoublant le nombre actuel des médailles par l'introduction entre elles de récompenses intermédiaires, *vermeil, platine* et *nickel*, par exemple, ce qui donnerait la série : *grand-prix, or, vermeil, argent, platine, nickel* et *bronze*, plus la *mention honorable*, soit, en tout, huit degrés permettant de créer une échelle mieux graduée des divers mérites.

Nous ne savons ce que peut valoir notre idée, mais elle nous est suggérée par la difficulté même éprouvée par notre jury quand il a cherché à proportionner ses récompenses à la valeur des œuvres exposées; il n'y était arrivé qu'en indiquant le pointage afférent à chaque médaille, mais l'ordre de mérite ayant été supprimé et remplacé par l'ordre alphabétique, il en résulte une disproportion relativement plus grande, dans bien des cas, entre la place occupée dans la liste des récompenses et le mérite des travaux récompensés.

Ainsi que cela a été fait dans le rapport de 1878 et pour maintenir entre ce travail et l'œuvre actuelle une certaine symétrie, nous avons établi un tableau où se trouve indiquée la répartition du nombre des exposants et des divers degrés de récompenses, en distinguant aussi les nationalités diverses représentées dans la classe 12.

L'examen de ce tableau montre tout d'abord un chiffre total d'exposants supérieur à celui de 1878; il était alors de 480, tandis qu'il est cette fois de 526, soit une différence en plus de 46.

L'Allemagne fait absolument défaut, comme en 1878, et c'est là un fait regrettable en présence des beaux travaux photographiques exécutés à Munich, Dresde, Leipsig, Brême et un peu partout dans les États allemands.

Une autre grande nation, l'Autriche-Hongrie, n'y figure que par trois exposants, ce qui équivaut à une abstention complète; c'est pourtant un pays où la photographie est cultivée avec un très grand succès et qui aurait pu nous envoyer de très beaux travaux techniques et industriels.

Dans l'Exposition de 1889 ont été représentés un certain nombre d'États qui s'étaient abstenus en 1878; ce sont : la Bolivie, le Brésil, le Chili, le Grand-Duché de Finlande, la Grèce, Hawaï, le Grand-Duché de Luxembourg, le Paraguay, les Pays-Bas, la Perse, la Roumanie, la République de Saint-Marin, la Serbie, la République Sud-Africaine et le Vénézuela.

C'est là une preuve de l'expansion graduelle de la photographie dans toutes les parties du monde.

Les colonies françaises et les pays de protectorat représentés par des Comités locaux ont envoyé de nombreux travaux relatifs à la configuration du sol, aux mœurs et types coloniaux. Ces collections très intéressantes se ressentent évidemment des difficultés climatériques et d'approvisionnement inhérentes à ces régions éloignées, mais ce n'est là qu'un début dans une voie où de sérieux progrès seront rapidement accomplis.

RÉSUMÉ GÉNÉRAL DES RÉCOMPENSES PAR NATIONALITÉ.

NATIONALITÉS.	JURY. (1)	GRANDS PRIX.	MÉDAILLES D'OR.	MÉDAILLES D'ARGENT.	MÉDAILLES DE BRONZE.	MENTIONS HONORABLES.	EXPOSANTS NON RÉCOMPENSÉS.	NOMBRE DES EXPOSANTS.	COLLABORATEURS.	HORS CONCOURS. (2)
Angleterre	1	//	6	10	3	1	1	21	//	//
Colonies anglaises	//	//	2	4	4	2	//	12	//	//
République Argentine	//	//	//	2	//	2	3	7	//	//
Autriche-Hongrie	//	//	//	1	2	//	//	3	//	//
Belgique	//	1	3	6	3	//	//	13	//	//
République de Bolivie	//	//	//	//	1	1	//	2	//	//
Brésil	//	//	//	3	3	//	//	6	//	//
Chili	//	//	//	1	3	2	//	6	//	//
Danemark	//	//	//	1	//	2	//	3	//	//
Égypte	//	//	//	//	//	//	1	1	0	//
États-Unis d'Amérique	1	1	4	5	6	6	1	23	//	//
Espagne	//	//	//	5	//	4	//	9	//	//
Grand-duché de Finlande	//	//	//	1	//	//	//	1	//	//
France	7	3	21	67	106	40	(3) 55	296	2	9
Algérie	//	//	1	4	4	//	//	9	//	//
Colonies françaises	1	//	//	7	13	4	//	24	//	//
Pays de protectorat	//	//	//	2	4	2	//	8	//	//
Grèce	//	//	//	2	1	2	//	5	//	//
Guatémala	//	//	//	//	//	1	1	2	//	//
Hawaï	//	//	//	1	//	//	//	1	1	//
Italie	//	//	1	1	3	//	//	5	//	//
Japon	//	//	//	//	//	//	2	2	//	//
Grand-duché de Luxembourg	//	//	//	1	//	1	//	2	//	//
Mexique	//	//	//	1	3	6	2	12	//	//
Principauté de Monaco	//	//	//	2	//	//	//	2	//	//
Norvège	//	//	//	1	2	//	1	4	//	//
Paraguay	//	//	//	1	//	1	//	1	//	//
Pays-Bas	1	//	1	5	1	//	//	2	//	2
Perse	//	//	//	//	//	//	1	1	//	//
Portugal et ses colonies	//	//	1	1	5	1	//	8	1	//
Roumanie	//	//	//	//	//	1	//	1	//	//
Russie	//	//	1	3	4	2	1	11	//	//
Saint-Marin	//	//	//	//	1	//	//	1	//	//
Salvador	//	//	//	//	//	1	1	2	//	//
Serbie	//	//	//	1	//	//	//	1	//	//
République Sud-Africaine	//	//	//	1	1	//	//	2	//	//
Suisse	1	//	1	5	5	1	1	13	//	//
Vénézuéla	//	//	//	//	2	//	2	4	//	//
TOTAUX	12	5	42	149	181	82	73	526		

(1) Dans les membres du jury sont indiqués aussi les membres suppléants.

(2) Parmi les hors concours il y a lieu de tenir compte, en plus des membres du jury exposants, des experts au nombre de deux et de MM. Gauthier-Villars et fils, membres du jury dans une autre classe.

(3) Y compris les hors concours.

Nota. Ce tableau porte à 515 le nombre des exposants, non compris les hors concours.

L'installation de la section française de la classe 12, fort bien aménagée, formait un ensemble d'un aspect agréable; la décoration, sans être très riche, était d'un goût parfait et, sauf quelques recoins où l'éclairage était peut-être moins favorable, on peut dire que la généralité des cadres était convenablement placée et d'un examen facile; mais il n'en était pas de même dans les sections étrangères : la Belgique notamment et les États-Unis étaient fort mal partagés quant à la disposition des objets et à leur éclairage; la Russie ne l'emportait guère sur ces deux États, et si notre jury a pu, quand même, examiner les produits de sa compétence, il est douteux que le public ait pu y arriver.

Nous devons, avant d'aborder l'examen de l'Exposition elle-même, faire remarquer les difficultés qu'avait à vaincre le jury obligé de tenir compte, dans ses appréciations, d'une foule d'éléments divers, tels que les progrès dus à l'invention, et ceux réalisés dans les applications, tels que la production originale des uns et la simple exposition par d'autres de produits dont ils n'étaient pas les producteurs.

Enfin il y avait à tenir compte, dans ses appréciations, d'applications purement scientifiques et d'une portée considérable nonobstant la valeur intrinsèque des résultats exposés, et en même temps le rendu artistique, n'importe le procédé employé, était aussi de nature à influer sur son jugement.

C'est en essayant de faire à chacun de ces éléments si distincts la part qui lui incombait qu'il croit avoir, autant que cela était possible, attribué à chaque exposant la récompense qu'il paraissait mériter.

Nous allons parcourir successivement les diverses catégories d'objets exposés en suivant l'ordre que voici :

1° Procédés négatifs;

2° Procédés positifs;

3° Produits, appareils et sources de lumière;

4° Applications diverses de la photographie;

5° Journaux et publications. Enseignement.

CHAPITRE III.

PROCÉDÉS NÉGATIFS.

Nous entendons par procédés négatifs ceux qui conduisent à l'obtention du proto-type dans la chambre noire. Épreuve première, directe, à l'aide de laquelle on obtient par contact les épreuves positives par les divers moyens qui seront indiqués dans le chapitre suivant.

La chambre noire sert aussi à des impressions positives directes, mais ce n'est là qu'une application pour le moment sans importance, nullement représentée dans la classe 12 et dont il n'y a pas lieu de s'occuper ici.

En prenant notre point de départ à l'Exposition universelle de 1878, nous allons examiner les progrès ou modifications apportés aux méthodes négatives depuis cette époque jusqu'à l'heure actuelle.

Plaques à la gélatine. — La plus grande des transformations qu'elles ont subies est celle, déjà indiquée plus haut, du remplacement du collodion par de la gélatine.

Nous avons dit que c'est à cette nouvelle méthode qu'est dû l'immense développe-ment de la photographie, dont l'emploi va se vulgarisant chaque jour davantage.

La préparation des plaques à la gélatine a donné lieu à une fabrication sur une grande échelle de ces couches sensibles, douées d'une sensibilité très grande, bien supérieure à celle du collodion sec qui, précédemment, servait à préparer les plaques employées à l'extérieur. Le rapport moyen des sensibilités est comme 1 est à 60. Aussi, dans tous les cas où le cliché n'est pas destiné à des impressions d'un genre spécial, à la photolithographie ou à la photogravure, par exemple, y a-t-il un grand avan-tage à faire usage des couches si sensibles que donne la gélatine.

La France a d'abord été tributaire de l'étranger pour avoir des plaques d'une pré-paration satisfaisante, mais elle peut maintenant user avec un très grand succès de plaques françaises. La maison Lumière, de Lyon, est celle qui, par la supériorité de ses produits, a le plus contribué à la faveur avec laquelle est accueillie notre production nationale; c'est par centaines de douzaines que s'expédient journellement ces plaques de verre toutes prêtes à recevoir l'impression lumineuse[1]. L'œuvre première, la plus difficile assurément, se trouvant toute faite, il n'y a plus, en définitive, qu'à faire agir

_____

[1] Cette maison fabrique par jour de 800 à 1,000 douzaines de plaques, ce qui représente 12 caisses de verre de 27 mètres carrés superficiels et en tout 224 mètres carrés de verre. Le personnel n'est pas moindre de 90 à 100 employés.

les rayons réfléchis dans des conditions déterminées et faciles à connaître, pour obtenir une image latente que l'on développe ou révèle ultérieurement.

La sensibilité des couches de gélatino-bromure d'argent est telle que, le plus souvent, on peut opérer instantanément, c'est-à-dire dans une durée de temps qui n'est que de quelques fractions de seconde.

Quand il faut poser, c'est-à-dire laisser agir les rayons lumineux pendant un temps appréciable, ce temps n'est jamais que d'une ou de plusieurs secondes.

Appareils portatifs de toute forme. — On conçoit donc combien il est maintenant aisé, pour la première personne venue, d'arriver, après une très courte initiation, à faire usage de l'appareil photographique. Aussi les appareils portatifs se sont-ils multipliés à l'infini; il en est de toute sorte, les uns tellement petits qu'ils peuvent être mis dans la poche, dissimulés sous des vêtements; d'autres affectent la forme d'une serviette d'avocat; il en est qui ressemblent à des livres; on en met dans des chapeaux, dans des cravates, dans des valises; la forme la plus usitée est celle de la chambre dite *détective*, qui est enfermée dans une boîte en gainerie ressemblant à un nécessaire de voyage, à un coffre à échantillons, bref à toutes choses autres qu'à un appareil de photographie.

De cette façon, l'on arrive à faire de l'appareil photographique un *vade-mecum* désormais indispensable aux touristes de tout genre : savants, missionnaires, excursionnistes désireux de rapporter de leurs voyages ou promenades des souvenirs, des croquis exacts, admirablement fidèles de tout ce qui a pu les intéresser, de tout ce dont ils auront à parler ou à écrire; ils pourront toujours ainsi joindre à leurs descriptions la preuve authentique, l'objet lui-même pris sur le fait et fixé par ses propres reflets.

Papiers et pellicules sensibles et châssis à rouleaux. — Pour remplacer la plaque de verre lourde et fragile, on a imaginé des supports plus légers et moins exposés à se briser : de ce nombre sont les papiers et pellicules sensibles. La couche de gélatine, véhicule du gélatino-bromure d'argent, demeure la même, mais elle est étendue sur un support non seulement plus léger mais encore flexible, ce qui permet de l'employer soit à l'état de fragments isolés, coupés comme le sont les verres, soit à l'état de rubans enroulés autour de cylindres ou rouleaux.

Ces rouleaux peuvent porter des bandes d'une longueur suffisante à l'exécution de 24, 48 et même de 100 épreuves consécutives.

Divers appareils ont été construits pour utiliser ces rouleaux et l'on remarquait notamment, dans ce genre, les châssis à rouleaux de la maison Eastman et Cie, représentée par M. Nadar. Ce châssis a été appliqué à divers petits appareils très portatifs : au Kodak, de la maison Eastman; à l'Escopette, de M. Darier, représenté par M. Boissonnas dans la section suisse. D'autres constructeurs ont aussi adopté le châssis à rouleaux, appareil déjà assez ancien d'ailleurs, mais devenu d'un emploi bien plus pratique depuis l'invention de la gélatine bromurée d'argent et la fabrication possible de feuilles de papier ou de pellicules sensibles sans fin.

Pour un voyageur appelé à parcourir des régions dépourvues de routes et où s'impose le matériel le plus léger, le moins volumineux possible, les châssis à rouleaux sont ce qu'il y a de mieux, à la condition de pouvoir compter sur des outils bien faits et pourvus de tous moyens de contrôle pour savoir exactement où l'on en est et ce que l'on fait. Les châssis Eastman, munis de compteurs, sont encore ce qu'il y a de plus complet dans ce genre. Quant aux bandes ou rubans de couches sensibles, il existe d'abord les papiers Eastman à couche réversible; ces papiers, fabriqués avec un très grand soin, ne servent à la couche sensible que de support provisoire; une fois les épreuves développées, on les sépare du papier pour les fixer sur des plaques de verre, dans l'un ou l'autre sens, suivant l'emploi ultérieur à faire du cliché, ou bien encore on les transforme en clichés pelliculaires d'une translucidité égale à celle du verre en les fixant sur une feuille de gélatine.

De nombreux essais ont été faits en France pour la préparation de feuilles sensibles pelliculaires, soit de papiers à pellicules réversibles ou de pellicules vitreuses recouvertes du produit sensible.

La maison LUMIÈRE, mettant en pratique industrielle des procédés pelliculaires imaginés par M. Balagny, fabrique des plaques souples sensibles, et aussi des bandes pelliculaires pour les châssis à rouleaux.

Ce qui caractérise cette fabrication, c'est l'imperméabilité à l'eau du support flexible, et par suite l'absence à peu près complète de distension, lors de l'immersion dans les liquides des développements, fixages et lavages.

La plaque dite *souple* peut être encore réversible pour permettre, dans certains cas, d'employer le cliché en contact intime avec la surface positive et du côté même où se trouve l'impression lumineuse.

Les procédés pelliculaires Balagny ont rendu de grands services. M. Reinach (Salomon) en a fait usage dans ses missions à Carthage et en Tunisie. MM. de la Blanchère et Boulanger en firent autant. Nous pourrions citer encore les travaux photographiques accomplis par M. Fougères lors de sa mission dans les îles de l'Archipel;

Ceux qu'a fait exécuter en 1888 le Ministère de l'agriculture pour avoir la collection de toutes les essences forestières de la France;

Ceux de S. A. S. le prince Albert de Monaco, exécutés aux cours de ses voyages à bord de *l'Hirondelle*. Le prince de Monaco a fait lui-même le plus grand éloge des plaques Balagny lors de l'examen par le jury de sa remarquable exposition.

Nous pourrions citer encore les travaux de la mission botanique de M. CORMELLE; ceux de M. GELLON, appliqués à la reproduction de panoramas (40×50) des Alpes et du Caucase.

Il est certain que pour la plupart de ces travaux les plaques de verre auraient constitué un matériel lourd, encombrant et d'un transport difficile, sinon impossible.

La maison Eastman a de son côté notablement perfectionné ses préparations pelliculaires.

D'autres maisons se livrent à des fabrications analogues; nous avions encore à l'Exposition universelle des pellicules dites *cristallos*, de la maison Jannin et Jumeau, pellicules désignées sous le nom d'*hydrofuges,* à base de cellulose, et destinées à recevoir des couches de gélatine bromurée; ces pellicules peuvent être fabriquées sur une largeur de 70 × 56.

L'emploi des papiers et pellicules nécessite, quand on ne recourt pas aux châssis à rouleaux, l'usage de châssis tendeurs; il en est de diverses sortes.

Plaques orthochromatiques. — En ce qui concerne les préparations sensibles négatives, il y a un mot à dire des plaques orthochromatiques qui constituent un des progrès les plus sérieux de la photographie, mais dont l'emploi est encore loin d'être assez général. Le fait en lui-même n'est pas nouveau, puisque la connaissance des propriétés orthochromatiques remonte à près de vingt ans déjà; mais, jusqu'ici, la fabrication industrielle, pratiquée en France par une seule maison et dans une seule voie, n'était pas de nature à faciliter l'extension de ce remarquable procédé de correction [1].

Il ne s'agit pas, en effet, de donner aux plaques à la gélatine une sensibilité plus grande pour une ou plusieurs couleurs spectrales, il importe encore d'arriver au redressement total de l'échelle des couleurs.

Les plaques à l'éosine ou aux dérivés de l'éosine, exploitées en France, par M. Attout Taillfer, ne peuvent répondre qu'à un des points de la question, mais elles ne satisfont pas à la correction totale. De là bien des insuccès constatés, sans qu'on se soit rendu compte suffisamment, soit des causes d'insuffisance de cette préparation, soit des moyens d'y remédier.

Plaques ordinaires. — Quant aux plaques ordinaires, il y en avait de diverses provenances. Pour la France, nous avons cité et nous citerons encore, en première ligne, les plaques Lumière, qui sont douées d'une sensibilité merveilleuse et qui, en plus de cette qualité, très appréciée des touristes et des amateurs de reproductions instantanées, sont excellentes à tous les points de vue.

D'autres maisons se partagent la fabrication française; ce sont MM. Perron, de Mâcon; Graffe et Jougla, Guilleminot, de Villechole, à Paris.

Les plaques de provenance étrangère sont celles des maisons van Monckhoven, dont

[1] Depuis la clôture de l'Exposition universelle, deux maisons des plus importantes pour la fabrication des plaques sensibles ont entrepris la préparation industrielle de plaques orthochromatiques d'excellente qualité; ce sont : la maison van Monckhoven, de Gand (Belgique), dont les plaques sensibles au jaune et au vert sont très appréciées; la maison Lumière, de Lyon, qui a deux sortes de préparations orthochromatiques, l'une sensible au vert et au jaune, et l'autre sensible au jaune et au rouge.

L'essai que le rapporteur a fait de ces plaques lui a permis d'en constater la valeur sérieuse.

Le progrès désiré est donc un fait actuellement accompli.

la réputation déjà ancienne se maintient en dépit du développement plus général qu'a pris partout cette fabrication, et BERNAERT, en Belgique; celles de M. le docteur BACKE-LANDT, développables à l'eau (Belgique) : ces plaques portent au dos une préparation soluble formant développateur lors de l'immersion dans l'eau des plaques insolées; il suffit donc, après l'impression, et sans avoir à s'occuper des solutions révélatrices préalables, de plonger les plaques dans une cuvette remplie d'eau pour voir graduellement apparaître l'image. Cette idée, qui sans doute présente un certain caractère d'originalité, ne semble pas avoir été très goûtée; il est si facile d'avoir, à part, les agents développateurs, qu'il ne paraît pas nécessaire de compliquer la préparation des plaques par cette addition, dangereuse, d'ailleurs, pour leur bonne conservation. Des parcelles du produit réducteur, placé au dos, pouvant se détacher, tombent sur la surface sensible et contribuent à la formation de taches.

Il semble préférable d'employer des sels dosés d'avance et dont on introduit la quantité voulue dans le bain développateur. Cet essai n'en est pas moins digne d'intérêt; il méritait bien une mention spéciale.

Les autres exposants étrangers de plaques sensibles sont M. le capitaine BIERING, à Odense (Danemark), et M. BUDTZ, de Copenhague (Danemark).

MM. FRED et Ed. BOISSONNAS, à Genève (Suisse), ont exposé des plaques ordinaires et des plaques orthochromatiques. Les résultats montrés à l'appui de cette exposition sont des plus remarquables. Ils sont des plus probants en faveur de l'orthochromatisme et, sans apporter aucune donnée nouvelle, ils ont au moins cet avantage de faire connaître exactement ce que l'on peut attendre de ce complément indispensable de la photographie négative, dans tous les cas où, se trouvant en présence d'un sujet polychrome et d'une vue extérieure ayant des lointains très profonds, on a des oppositions très marquées entre des premiers blancs sombres et des parties éloignées claires, baignées dans la lumière, noyées dans un ciel éclatant. Leur magnifique *Vue du Mont-Blanc*, reproduit à 6 o kilomètres du point d'opération, avec un premier plan formé par le lac de Genève, est ce que l'on peut voir de mieux réussi et de plus démonstratif. Ces résultats, pris sur nature, en disent beaucoup plus que les modèles orthochromatiques, où la couleur se trouve partagée entre trois tons choisis de bleu, de jaune et de rouge.

Toute la série d'études orthochromatiques de MM. Boissonnas, comparée avec les reproductions ordinaires, est vraiment admirable; elle brille surtout par une sincérité absolue. Les modèles et originaux sont joints aux résultats dans la plupart des cas, et l'on peut immédiatement se rendre compte du degré de correction obtenu en employant les moyens indiqués avec franchise par les auteurs; ils nous montrent l'effet donné par la plaque ordinaire, celui que l'on doit à la plaque orthochromatique seule, celui plus complet encore dû à l'intervention simultanée d'un milieu ou écran coloré dont ils nous donnent la formule.

Rien de plus complet n'a été mieux présenté jusqu'ici, et de pareils spécimens sont de nature à aider beaucoup à l'emploi rationnel de l'orthochromatisme et à sortir cette intéressante question de l'obscurité relative où elle semblait emprisonnée jusqu'ici, au moins en France.

L'industrie de la fabrication des plaques sensibles est très répandue en Angleterre, en Allemagne, en Autriche, aux États-Unis; mais aucun échantillon de ces produits, que nous savons être excellents, n'a figuré à notre Exposition.

Pour les papiers et pellicules sensibles, outre les maisons citées déjà, nous pouvons encore mentionner la bonne fabrication, par M. Lamy, de Courbevoie, de papier au gélatino-bromure d'argent propre à l'impression directe de négatifs aussi bien qu'à des agrandissements par voie de projection; celle aussi de MM. P. Morgan et Cⁱᵉ, à Paris.

Révélateurs. — Les développateurs ou, autrement dit, les produits à l'aide desquels on fait apparaître l'image latente résultant de l'action des rayons réfléchis sur les plaques ou couches sensibles étaient, surtout en 1878, le sulfate de fer pour les plaques dites *au collodion humide*, et l'acide pyrogallique pour les plaques *au collodion sec*. Depuis, de nouveaux révélateurs ont été introduits dans la pratique courante; c'est l'oxalate ferreux pour les plaques à la gélatine que l'on développe également avec l'acide pyrogallique. Nous avons de plus l'hydroquinone, qui, bien qu'employé depuis quelques années à l'étranger, en Angleterre et en Allemagne, n'a réellement été bien connu en France qu'à la suite des communications de M. Balagny. Nous ne pensons pas que ce produit ait permis de constater un progrès réellement nouveau dans l'obtention des négatifs, mais il a enrichi la liste de nos réducteurs; il est doué, à cet égard, d'une grande énergie; c'est donc un fait intéressant à noter.

Un autre révélateur qui nous arrive d'Allemagne, l'iconogène, a fait son apparition au moment même de l'Exposition. Il y en avait d'exposé dans la vitrine de M. Schaeffner. Ce produit, encore bien nouveau, n'avait pas fait ses preuves suffisamment pour qu'on pût se prononcer sur sa valeur; il a depuis été mieux étudié, et jusqu'ici les résultats qu'on lui doit semblent assurer à ce révélateur une des premières places parmi les produits propres à la photographie négative.

Nécessité du collodion pour les clichés propres à la photogravure. — Nous avons dit au chapitre des considérations générales que le collodion l'emportait toujours sur la gélatine pour les clichés destinés à la photolithographie et à la photogravure.

Parmi tous les exposants d'œuvres de photogravure dont nous aurons à parler dans le chapitre suivant, il n'en est pas un seul qui ait, avec succès, fait usage de clichés à la gélatine. Il se peut pourtant que les tentatives faites de divers côtés pour arriver à produire des plaques à la gélatine d'un réseau suffisamment serré et propres aux travaux de photogravure puissent réussir; nous croyons la chose digne d'intérêt. Il s'agirait, en somme, de préparer des émulsions beaucoup plus riches en bromure et en iodure d'argent par rapport à la quantité de la gélatine, et la couche d'émulsion sensible mise à la surface des glaces devrait être très mince.

Nos fabricants pourraient créer une sorte de plaque toute spéciale destinée aux re-productions de sujets blancs et noirs, absolument comme ils font déjà des plaques propres aux reproductions courantes polychromes, et ces dernières devraient être géné-ralement orthoscopiques afin de pouvoir donner des impressions exactes, conformes à ce que l'œil voit.

Vœux à exprimer. — Le desideratum à signaler aux fabricants de couches sensibles est donc celui-ci :

1° Préparation de plaques (glaces) pour les applications à la photogravure et les reproductions de sujets blancs et noirs;

2° Préparation de plaques pour les sujets polychromes, soit orthoscopiques, et autant que possible, si la sensibilité voulue à l'échelle spectrale ne peut se réaliser di-rectement avec une seule et même préparation, production d'au moins deux sortes de plaques, l'une plus sensible au jaune spécialement ou au jaune-vert, et l'autre sorte au rouge.

Il est facile de concevoir que la préparation d'une seule et même émulsion bonne à tout, ou soi-disant bonne à tout, est chose moins compliquée pour les fabricants que de fabriquer des variétés diverses d'émulsions et de plaques; mais déjà quelques pas ont été faits dans cette voie. Plusieurs maisons ont des marques de diverses sensibilités. MM. Lumière, de Lyon, par exemple, ont une marque bleue beaucoup plus sensible que la marque rouge; s'ils introduisaient dans leur fabrication la préparation pour les sujets blancs et noirs, ils auraient des débouchés directs chez les photographes qui ont comme spécialité ces sortes de reproductions.

La plaque orthoscopique pour le rouge et pour le jaune leur serait aussi demandée par les photographes qui ont à reproduire des sujets ou objets polychromes.

Ces variétés s'imposent parce que la seule et même préparation que l'on fabrique communément aujourd'hui laisse à désirer à bien des égards.

Il nous appartient de signaler, quand l'occasion le permet, quels sont les progrès à réaliser encore et à y insister quand nous sentons que pour y arriver il n'est plus au-cune difficulté à vaincre; il suffit de le vouloir, et outre la part de mérite qu'il faudra attribuer à ceux qui prendront l'initiative de pareils fonctionnements, il faut bien être convaincu, sans crainte d'illusion, qu'ils y trouveront aussi un profit en rapport avec les services par eux rendus à la photographie.

Question du halo. — Il est une autre amélioration possible des couches sensibles, qu'il importe de signaler ici.

Dans bien des cas, si l'on ne prend certaines précautions, on est exposé à une dé-fectuosité souvent fâcheuse, c'est celle qui résulte du halo.

Ainsi, vient-on avec une plaque sensible ordinaire à reproduire un intérieur éclairé par des fenêtres, ces dernières faisant partie de l'ensemble reproduit, les endroits sombres (l'entre-deux des fenêtres, par exemple) exigeront une durée d'exposition très longue par rapport aux parties par où s'introduit la lumière. Au développement, une sorte d'irradiation, qui n'est autre qu'un *halo*, limitera les parties sombres, et l'image se trouvera imparfaite par suite de ce fait. On peut pourtant éviter le halo : il suffit, ainsi que l'ont indiqué M. Cornu, de l'Institut, et bien d'autres, de mettre en contact optique au dos de la plaque sensible un vernis noir absorbant d'un indice égal à celui du verre.

Mais cette couche doit ensuite être enlevée pour rendre à la plaque sa translucidité lors du développement, et il s'agit de trouver un moyen pratique soit de la mettre sur les plaques, quand besoin est, soit de l'enlever sans difficulté. C'est là un tour de main à chercher; nous croyons que les fabricants de plaques pourraient y arriver, ne serait-ce qu'en employant un enduit soluble à l'eau; un rinçage préalable sous un robinet en débarrasserait la plaque, et le halo aurait été évité.

Déjà les pellicules, étant bien plus minces, donnent lieu à une réflexion totale moins étendue et par suite à une absence presque complète de halo. Mais pour les plaques il n'en est pas de même; il convient donc de trouver un remède facile à cet inconvénient, surtout désagréable quand on se trouve en présence de masses très lumineuses immédiatement placées à côté de parties très sombres ou très peu actiniques.

Retouche des clichés. — Nous en aurions fini avec la photographie négative, s'il ne nous restait quelques mots à dire au sujet de la retouche des clichés.

Cette retouche n'est pas, à vrai dire, un procédé photographique, mais elle joue un rôle si important dans l'achèvement de certains négatifs, dans le portrait surtout, qu'il est utile d'en parler avant de nous occuper de la photographie positive.

Dans les premiers temps de la photographie sur papier, la retouche des portraits s'opérait directement sur l'épreuve positive elle-même; difficile sur le papier albuminé, elle était, de préférence, pratiquée sur du papier salé, à l'encre de Chine et à l'aide d'une couleur neutre se mariant bien avec le ton de l'image.

Ce procédé offrait l'inconvénient d'obliger à reprendre, une à une, toutes les épreuves d'un même portrait.

On a trouvé plus intelligent et plus propre en même temps de laisser intactes les épreuves positives en procédant à une retouche préalable du cliché négatif.

L'art de la retouche des clichés est devenu une spécialité; les bons retoucheurs sont rares et, le plus souvent, si ce travail n'est pas fait avec talent et sobriété, on arrive à des résultats déplorables : les figures, les mains ne ressemblent plus qu'à des bouffissures; les contrastes nécessaires, le jeu de la lumière dans les parties déprimées et à la surface des saillies se trouvent uniformisés de telle sorte que l'on ne sent plus la vie; la fermeté des chairs a fait place à une sorte de composition molle et d'aspect fade qui n'est en rien l'image, le reflet de la réalité.

Nous sommes loin de nous opposer à la retouche quand elle n'a d'autre objet que de

3.

supprimer certaines taches, d'adoucir ce qu'il peut y avoir de trop rude dans les aspé-
rités de la peau; malheureusement on va trop loin et la photographie, ainsi traitée,
devient ce qu'est une figure de poupée par rapport à un beau portrait à l'huile.

L'emploi de plaques orthoscopiques pourrait, dans une large mesure, supprimer une
partie des défauts que le retoucheur a mission de corriger et il ne lui resterait plus à
faire alors qu'un travail d'atténuation; encore devrait-il se montrer très sobre d'arrangement à l'encontre de ce que la lumière a produit avec beaucoup d'unité et de
correction, quand le photographe a su bien éclairer le modèle.

En examinant les œuvres exposées dans la classe 12, le vice inhérent à une retouche
inintelligente, exagérée, contraire à l'art véritable, nous a frappés dans un assez grand
nombre de photographies; nous ne pouvions passer ce fait sous silence. Nous voulons
bien de la retouche si c'est pour corriger la photographie en faisant mieux qu'elle, en
adoucissant ce qu'elle a parfois de trop brutal, de trop réaliste; mais si c'est pour nous
faire des poupées en baudruche gonflée, ce n'est assurément pas la peine; mieux vaut
encore l'œuvre photographique avec toutes ses énergies, ses rudesses et ses vérités.

Un éclairage bien étudié, joint à des préparations orthoscopiques spéciales, telle est
la meilleure des façons d'avoir à peine besoin de retouche.

Ce travail appliqué à des clichés de paysages et de vues quelconques sur nature peut
avoir pour conséquence un résultat bien plus artistique. L'arrangement des ciels notamment, s'il est fait avec goût, peut avoir pour effet de supprimer ces grandes surfaces
blanches si désagréables dans les productions où le ciel sans nuages est rendu par
du blanc pur. A l'Institut photographique impérial de Vienne, les élèves apprennent à
remplacer ces ciels blancs par des teintes dégradées ou par des nuages exécutés à la
main. L'effet en est, paraît-il, très artistique. C'est bien là un artifice, mais il s'impose
pour meubler ces grands vides, pour limiter le champ de la vue reproduite, pour l'en-
cadrer et aussi pour donner à la perspective aérienne plus d'étendue et de profondeur.

Nous avons bien vu quelques beaux ciels photographiques rapportés, notamment
dans la section russe, dans les remarquables vues de M. Kimelewski; mais nulle part
n'existaient de ces retouches obtenues par le dessin et dont on tire un aussi grand parti
à Vienne.

CHAPITRE IV.

PROCÉDÉS POSITIFS.

Nous appelons *procédés positifs* ceux qui servent à tirer des exemplaires de l'œuvre photographique en nombre plus ou moins grand à l'aide soit du cliché négatif dont il vient d'être parlé, soit de tout autre cliché ou écran translucide, qu'il ait ou non une origine photographique.

Le négatif, tout en étant le point de départ, le prototype de l'œuvre photographique, ne constitue qu'une œuvre intermédiaire, tandis que le positif constitue l'œuvre finale, l'œuvre effective.

Le premier est un moyen d'arriver au but, l'autre est le but lui-même. Nous aurons donc à consacrer à la revue, à l'examen des positifs, œuvres exposées, bien plus de temps que nous n'en avons accordé à celui de la photographie négative. A quelques variétés près, cette photographie n'implique guère que l'emploi d'un petit nombre de méthodes, nettement définies, toutes conduisant à des résultats ayant entre eux une très grande analogie.

Il n'en est pas de même dans la photographie positive, où le nombre des procédés, où la différence entre les résultats deviennent chaque jour plus considérables.

Pour procéder méthodiquement, nous subdiviserons d'abord l'ensemble des procédés positifs en deux catégories distinctes, soit :

1° *Épreuves positives obtenues par l'action chimique directe de la lumière,* c'est-à-dire de telle sorte que, pour chaque nouvelle épreuve tirée d'un même négatif, il faut une nouvelle action de la lumière solaire ou artificielle;

2° *Épreuves positives obtenues mécaniquement,* à l'aide d'une première impression due à l'action de la lumière à travers le cliché photographique.

La première classe de procédés ne se prête pas à l'exécution de travaux où il s'agit de nombreux exemplaires à imprimer, mais elle est d'un emploi facile, rapide et peu coûteux pour des exemplaires à tirer d'un cliché, soit isolés, soit en nombre limité.

Pour des tirages peu importants, il est vraiment inutile et il serait d'ailleurs trop long et trop coûteux de recourir à l'exécution de planches pouvant, par voie de tirage mécanique, fournir de nombreuses copies; on use alors des procédés photochimiques directs.

Pour les œuvres industrielles : illustration de livres, de publications périodiques, et en général pour tous les tirages où il y a des centaines et des milliers de copies à imprimer, il est à la fois moins coûteux et plus rapide de faire emploi des procédés photomécaniques, ceux de la deuxième série.

Ces deux sortes d'impression se trouvent représentées en très grand nombre dans la classe 12 et souvent par des spécimens d'une exécution remarquable.

La première catégorie, celle des impressions directes photochimiques, représentées à l'Exposition, se décompose elle-même en procédés divers qui sont :

A. Procédés à *base d'argent et d'or* ;

B. Procédés à *base de fer* ;

C. Procédés à *base de platine* ;

D. Procédés à *base de charbon ou autres matières colorantes.*

La deuxième catégorie, celle des impressions photomécaniques, peut se subdiviser comme suit :

E. Procédés de *photolithographie* et de *photozincographie* ;

F. Procédés de *photocollographie* ou impression à l'encre grasse sur une couche de gélatine continue ;

G. Procédés de *phototypogravure* au trait et à demi-teintes ;

H. Procédés de *photogravure* en creux ou taille-douce ;

I. Procédés de *photoglyptie* ou impression avec une encre gélatineuse par voie de moulage dans des empreintes en plomb.

Tel est l'ensemble des procédés positifs.

En les examinant successivement dans l'ordre qui vient d'être indiqué, nous signalerons les principaux exposants dont l'œuvre mérite d'être citée et nous montrerons aussi exactement que possible quel est l'état actuel de chacun de ces procédés, de quel perfectionnement il paraît encore susceptible, et nous essayerons, ainsi que nous avons eu l'occasion de le faire déjà, de diriger un doigt indicateur vers la voie qui semble devoir être la meilleure à suivre.

IMPRESSIONS PHOTOCHIMIQUES.

A. Procédés à base d'argent.

Les procédés négatifs, on l'a vu, sont tous basés sur la sensibilité à la lumière des sels haloïdes d'argent, qui sont l'iodure et le bromure d'argent.

D'autres produits pourraient bien conduire au même résultat, mais avec des durées de pose bien autrement longues, par suite d'une sensibilité bien moindre des composés essayés, tels que le nitrate d'uranium, le chlorure et le bromure de cuivre, etc. Dans les procédés positifs, les sels d'argent jouent aussi un rôle très important.

On a beau s'élever contre la fragilité des images qui en résultent, les impressions à l'argent, tout en perdant du terrain, sont toujours celles qui dominent.

Cela tient à deux causes essentielles :

D'abord à la sûreté et à la facilité des manipulations, et ensuite à l'éclat, à la profondeur, à la finesse des images imprimées sur papier albuminé, gélatiné ou collodionné. Cela est tellement vrai, que le papier sensible à l'argent, mais non albuminé (le papier salé), a été à peu près entièrement abandonné.

Ce sont les épreuves sur papier albuminé qui constituent l'immense majorité des portraits livrés par les photographes, en dépit de leur stabilité relative; mais elles plaisent de prime abord et l'on ne pense que trop tard à leur dépérissement rapide, à la perte de leur fraîcheur, même au bout de quelques mois.

Nous regrettons, pour notre part, qu'il ne soit pas fait de plus nombreuses tentatives dans une voie qui, tout en donnant autant, sinon plus de profondeur, de finesse et d'éclat aux épreuves, assurerait bien davantage leur stabilité. Il suffirait de remplacer le véhicule albuminé par du collodion et même par de la gélatine. Ce procédé existe; il porte le nom d'*aristotype* et il donne des épreuves admirables et tend à se répandre de plus en plus.

Nous avions notamment à remarquer les œuvres ainsi obtenues avec un grand succès par MM. Martinotto frères, de Grenoble, Blain frères, de Valence (Drôme).

L'expérience faite, depuis plusieurs années déjà, par le rapporteur, lui a prouvé que ces sortes d'épreuves au collodio-chlorure surtout et au gélatino-chlorure d'argent l'emportent de beaucoup en stabilité sur les épreuves imprimées sur du papier albuminé.

Le travail sur papier aristotype n'implique aucune difficulté plus grande que celui qui est relatif au papier albuminé; nous ne saurions donc trop recommander ce procédé photochimique direct, quant à la valeur des résultats; il est, en outre, d'une stabilité mieux assurée et bien supérieur à tous égards.

Déjà, ainsi qu'il a été dit précédemment, les impressions au gélatino-bromure d'argent, par développement, donnent des images qui semblent destinées à se conserver plus longtemps que les épreuves sur papier albuminé; nous avons vu un assez grand nombre de ces sortes d'épreuves; entre autres, d'abord, celles exposées par la maison Nadar, directes, par contact et agrandies; celles envoyées par la maison Eastman et Cie, de New-York; les agrandissements de M. Lamy sur son propre papier au gélatino-bromure d'argent; les épreuves sur papier *alfa* exposées par M. Molteni. Dans la section des États-Unis, dans les colonies anglaises se trouvaient aussi de nombreux spécimens de ce genre.

On conçoit le peu de faveur dont jouissent en général les petites épreuves au gélatino-bromure d'argent à cause de leur ton froid. Ces papiers conviennent bien mieux aux grandes épreuves et à la condition encore de conduire le développement de façon à obtenir une gamme de ton bien continue du noir absolu au blanc pur.

Si l'on tombe dans une tonalité grise comme celle qui, malheureusement, dépréciait une foule de reproductions, on arrive à faire croire, ce qui est inexact, que ce procédé ne saurait donner mieux.

Dans le pavillon de M. Nadar il y avait de superbes échantillons de grandeur naturelle, qui, rehaussés par quelques valeurs intelligemment distribuées, coupaient artistiquement la monotonie un peu froide de l'œuvre brute et faisaient de ces panneaux décoratifs de véritables œuvres d'art.

M. Lamy avait aussi une épreuve agrandie, habilement remaniée et dont l'artiste, à l'aide d'un dessous aussi complet, avait su tirer le meilleur parti. Les effets énergiques n'y éclataient pas comme dans les panneaux dont il vient d'être question, mais l'harmonie, tout en s'appuyant sur des contrastes suffisants, glissait tout doucement, et avec un charme des plus agréables pour l'œil, d'une demi-vigueur bleutée au blanc pur.

L'art aidant, on peut donc arriver à faire avec ces sortes d'impressions des camaïeux charmants, et, dans ce cas, nous ne saurions médire d'une retouche intelligente et le plus souvent indispensable pour exhumer des fibres du papier les grandes vigueurs qui s'y enterrent facilement.

Parmi les auteurs d'épreuves sur papier albuminé, il ne saurait être cité personne à titre spécial; nous aurons l'occasion de parler du plus grand nombre au chapitre des applications.

Il est une autre méthode d'impression des épreuves positives à base d'argent, c'est celle qui est employée pour l'exécution des diapositifs ou épreuves transparentes sur verre ou sur pellicule, destinées aux reproductions stéréoscopiques, aux épreuves pour la lanterne à projection, à la décoration de vitraux, ainsi que l'a fait M. Nadar dans son pavillon spécial.

Ces épreuves, celles surtout qui doivent être agrandies par l'appareil à projeter ou qui doivent être vues dans le stéréoscope, ne sauraient être trop fines. Il convient donc d'user pour ce genre d'impression, ainsi que le font avec un grand succès la maison Lévy et Cie et la maison A. Block du réseau très serré de l'albumine. L'emploi du collodion comme véhicule peut encore donner d'excellents résultats, mais jusqu'ici la gélatine, utilisée pour le même usage par d'autres maisons, notamment celle de MM. Lachenal et Cie, ne saurait donner autant de pureté et de finesse.

Les impressions par contact d'épreuves sur verre constituent une des branches importantes de la photographie positive.

B. Procédés à base de fer.

Les sels de fer sont d'un emploi très industriel dans les préparations de papiers sensibles à la lumière.

Ces procédés ou préparations donnent lieu à la fabrication de plusieurs sortes de papiers.

Il y a notamment le papier au *ferro-prussiate*, qui donne des images blanches sur fond bleu avec un prototype positif, et bleues sur fond blanc avec un négatif;

Le papier dit *cyano-fer* (ou *gommo-ferrique*), qui conduit par développement à l'obtention d'un positif avec un prototype positif, formé le plus souvent par un dessin original;

Le papier au gallate de fer, qui donne au développement des traits violacés, soit aussi un positif d'après un positif.

Ces trois sortes de papier sont d'un usage fréquent dans les grands ateliers; ils servent à multiplier, d'après les originaux, les dessins d'exécution.

Leur emploi n'exige, à vrai dire, aucune connaissance spéciale, aucune habileté photographique; c'est de l'autocopie photographique purement et simplement, et il suffit d'apprendre, à l'aide d'une rapide initiation, la manière de s'en servir.

Pour la préparation de ces couches sensibles à base de certains sels de fer, il faut néanmoins une certaine habileté, et tous les fabricants peuvent n'y pas réussir au même degré.

Il existe, d'ailleurs, des variétés de préparations donnant des colorations différentes.

M. Bay, par exemple, fabrique un papier *cyano-noir* qui lui permet d'obtenir mieux encore qu'avec le procédé au gallate de fer des impressions directes de traits noirs sur fond blanc.

Un virage à la teinture de bois de campêche donne ce résultat.

Autant que possible on tient à se rapprocher du noir; les épreuves bleues n'en sont pas moins utiles pour le but auquel on les destine, et dans bien des cas le papier dit au *ferro-prussiate,* qui exige le moins d'opérations, puisqu'il suffit d'une immersion dans de l'eau pure pour développer l'image, est celui qui convient le mieux; son défaut, c'est de ne pas produire un positif direct d'après un dessin; aussi préfère-t-on, quand on veut des images semblables autant que possible à l'original, les procédés donnant directement des positifs, ainsi que cela arrive avec le procédé au cyano-fer, en dépit de manipulations un peu plus compliquées.

Cette complication a son importance et ses inconvénients quand il s'agit d'épreuves de très grand format qu'il faut passer dans plusieurs bains successifs.

Aussi peut-il être avantageux de faire des recherches dans le sens de l'obtention de positifs directs en traits noirs à l'encre grasse, tel qu'est le procédé Poitevin, étudié pratiquement par M. Fisch, et dont nous allons dire un mot.

Les épreuves couleur bleu de Prusse, au gallate de fer et virées au noir avec de la teinture de campêche, n'ont pas les caractères de stabilité que nous demandons à tous documents photographiques destinés à être conservés. Il convient donc de n'user de ces sortes d'impressions que pour des œuvres d'une utilité momentanée, et de réserver aux impressions plus stables, qui vont nous occuper, les documents destinés aux collections, illustrations d'ouvrages, dessins de brevets, etc.

La photographie des dessins industriels par voie photochimique à base de fer était représentée par MM. Bay, déjà cité, Claude, par Mⁱⁱᵉ Joltrain, par M. Émile Riegel et par la maison Aost et Gentil, chez qui se réalise la mise en pratique du procédé Poitevin précité.

Voici en quoi consiste ce procédé moins connu, moins fréquemment décrit que les autres modes d'impression à base de sel de fer :

Du papier encollé à la gélatine est recouvert d'un composé liquide formé de perchlorure de fer et d'acide tartrique qu'on expose, une fois sec, à l'action de la lumière à travers un dessin ou cliché positif; après insolation, l'épreuve est recouverte d'encre grasse à l'aide d'un rouleau, puis posée, encre en dessous, dans une cuvette dont le fond a été préalablement mouillé; on lave ensuite à eau courante, et le dessin ressort en traits noirs sur fond blanc.

On termine le développement avec une éponge douce et on lave bien; le fond du dessin doit rester parfaitement blanc.

La base théorique de ce procédé réside dans la solubilité donnée par la lumière à de la gélatine rendue d'abord insoluble par un mélange de perchlorure de fer et d'acide tartrique.

Ce qu'il y a d'intéressant dans ce procédé, c'est, d'une part, la préparation peu coûteuse à l'aide d'un produit tel que le perchlorure de fer, dont le prix est peu élevé, et, d'autre part, l'obtention directe d'après un positif de traits noirs imprimés d'une façon indélébile.

Il reste, pour en finir avec les sels de fer, à parler du procédé dit *au platine*.

C. Procédé à base de platine.

On sait que les sels de platine ne sont pas directement sensibles à la lumière, ou tout au moins que leur sensibilité propre à cette action n'est pas celle qui sert aux impressions platinotypiques.

Ce procédé est basé sur la sensibilité à la lumière de l'oxalate ferrique.

Ce sel est transformé par la lumière en oxalate ferreux qui, en présence du chlorure de platine, décompose ce sel et précipite instantanément le platine métallique au contact d'une solution chaude ou froide d'oxalate de potasse.

Le mélange que l'on met à la surface du papier pour former l'enduit sensible se compose donc d'oxalate ferrique et de chlorure de platine; exposé à la lumière, ce papier, ou mieux l'enduit qui le recouvre, subit cette action. Le sel de fer passe à l'état ferreux et l'immersion ultérieure dans un bain révélateur d'oxalate de potasse amène formation, par précipitation du platine pur, d'une image entièrement formée par du platine métallique à l'état pulvérulent.

Plusieurs variantes de ce procédé ont été récemment publiées et sont même pratiquées industriellement; de ce nombre est le procédé Pizzighelli, permettant de voir l'image se former directement et avant toute révélation sous l'influence des rayons lumineux. On voit mieux ce que l'on fait et l'on peut arrêter, avec plus de certitude, l'action lumineuse au moment précis où l'image est bien complète.

Ce procédé semble évidemment conduire à la création d'œuvres durables.

Les sceptiques — et le scepticisme est certes bien permis en matière de science, alors que chaque jour amène la découverte de faits inattendus — veulent attendre l'action du temps sur les images au platine, se réservent de n'assurer leur réelle stabilité que plus tard.

Pourtant il semble permis d'affirmer dès maintenant que ces épreuves, qui résistent à tous les agents énergiques incapables d'attaquer le platine, se présentent dans des conditions de stabilité vraiment supérieures à celles qui ont l'argent pour base.

Nous doutons qu'il se soit trouvé un seul cas défavorable au caractère indélébile des épreuves au platine depuis que l'on pratique ce mode d'impression.

Le rapporteur a fait de nombreux essais dans cette voie; il possède des spécimens de ce genre depuis la première introduction dans la photographie des images au platine, et jusqu'ici il lui a été impossible de constater la moindre modification dans le ton et le modelé de ces images.

Nous pensons néanmoins que les impressions à base de charbon sont quand même supérieures, au point de vue de la stabilité, à toutes autres, mais nous n'hésitons pas à classer au deuxième rang, à ce point de vue, les impressions au platine.

Ce procédé, lent à se répandre dans les premières années de sa découverte, est maintenant plus fréquemment employé. L'Exposition de 1889 nous en a montré de nombreux spécimens, ceux notamment très remarquables obtenus par M. Gaillard chez MM. Poulenc frères, fabricants de cette préparation; ceux encore de MM. Chalot, A. Block, P. Boyer, Eug. Chéron, Liébert, et de M. Mourgeon, dont la retouche vraiment artistique mérite une mention spéciale; ceux encore de MM. Victor Pannelier, Pirou, à Paris, Faure père et fils, à Lille.

La couleur des épreuves au platine se rapproche tellement de celle au gélatinobromure d'argent, que le jury, plusieurs fois, s'est trouvé dans l'impossibilité de faire une distinction entre les deux procédés à défaut d'indications précises de la part des exposants.

Si les épreuves avaient pu être examinées en dehors de leurs cadres, la constitution du procédé eût été des plus aisées. Il suffit, en effet, de piquer au coin d'une image au platine ou à l'argent avec une aiguille préalablement humectée d'acide nitrique étendu pour savoir quelle est la base métallique de l'image.

S'il se forme un point blanc, c'est qu'il y a destruction de cette partie de l'image; elle est alors à base d'argent. Si aucune altération n'est produite, elle est évidemment à base de platine.

Nous avons dit plus haut combien l'aspect de ces images est froid, combien elles paraissent grises et mornes, comparées à celles qu'on obtient sur papier albuminé. Pourtant de très remarquables spécimens de ce genre étaient exposés dans la section anglaise par MM. John Thomson, Henry Vanderweyde, de Londres, Scott, J. Blaine, de Carlisle, Waléry, de Londres.

Le caractère artistique des travaux de MM. John Thomson et de M. H. Vanderweyde a été fort remarqué en dépit de la coloration terne de leurs épreuves, ce qui prouve bien que la valeur artistique, quel que soit le ton, l'emporte toujours sur la tonalité. On pourrait encore craindre que ces œuvres, si distinguées quant à la sobriété même de leur coloration, si harmonieuses dans leur ensemble, eussent peut-être plus à perdre qu'à gagner à être plus montées en valeur, plus chaudes en couleur, plus vigoureuses quant à la gamme de leurs modelés. Quelques-unes des œuvres de M. Thomson sont vraiment d'un goût parfait, et l'on se demande s'il est possible de faire mieux dans une autre voie.

Soyons donc sobres de critiques à l'égard de la froideur, de l'aspect éteint des images que donnent les procédés au gélatino-bromure d'argent et au platine, puisqu'il nous est prouvé qu'entre des mains habiles, dirigées par un goût artistique indiscutable, on arrive à des résultats vraiment supérieurs.

La similitude entre les impressions au platine et celles au bromure d'argent est parfois tellement complète que l'on a désigné sous le nom de *papier argento-platinique* une préparation qui n'est autre que celle au bromure d'argent. Nous croyons que l'auteur de cette désignation ferait mieux cependant d'être plus précis en modifiant ce qu'il y a d'inexact dans son indication.

Pourquoi parler de platine alors que ce métal n'intervient pas? La couleur ne devrait vraiment pas l'emporter sur le fond.

Le jury, en dépit des réserves qui précèdent, a remarqué avec une grande faveur toutes les impressions au platine, considérant qu'un mérite plus grand devait être attribué toujours à toutes les tentatives faites dans le sens d'une plus grande stabilité des œuvres photographiques.

D. Impressions à base de charbon ou d'autres matières colorantes.

Cette catégorie de procédés peut se subdiviser en deux sortes :

1° Les impressions directes ou indirectes à l'aide de mixtions colorées;

2° Les impressions aux poudres, surtout utilisées pour les images photo-céramiques.

Nous allons examiner successivement chacune de ces deux sortes d'impressions.

La première est celle qui produit les œuvres désignées dans l'Exposition sous le nom d'*épreuves au charbon*. Disons tout de suite que la matière colorante introduite dans la mixtion peut être autre que du charbon; toutes les poudres de couleurs diverses, inertes par rapport à la gélatine et au bichromate de potasse ou d'ammoniaque, peuvent être introduites dans les mixtions et servir à la production d'images de toutes couleurs.

C'est pour ce motif que l'inventeur de ces procédés, Alphonse Poitevin, les avait désignés sous le nom impropre de *photochromie*, appellation qui convient mieux aux épreuves polychromes.

Peut-être l'idée était-elle autre et voulait-on rappeler seulement que c'étaient des images obtenues par l'action de la lumière sur un sel de chrome.

N'importe, il s'agit ici de procédés d'un grand intérêt et dans lesquels certains sels de chrome alliés à une matière organique sont, en effet, les produits sensibles à la lumière.

C'est l'action de la lumière sur des mucilages formés de gélatine, albumine, gomme, miel et autres analogues, en présence du bichromate de potasse ou d'ammoniaque, ou d'autres sels de chrome, qui donne naissance à l'image par voie d'insolubilisation des parties de la mixtion atteintes par les rayons lumineux, tandis que celles qui n'ont pas été actionnées par la lumière, et par suite insolubilisées, se dissolvent dans l'eau froide ou chaude et laissent l'image solidement adhérente au papier.

On conçoit que l'introduction dans le mucilage d'une matière colorante indélébile conduise à l'obtention d'une image très stable; de la poussière de carbone (matière qui résiste à tous les agents chimiques) donnera une image à base de charbon, par suite inaltérable; si, au lieu de faire usage de charbon, on recourt à d'autres composés inaltérables, le résultat sera le même quant à la stabilité, mais on aura une image d'une couleur différente du noir. Les opérations seront les mêmes, la couleur seule variera.

Ces procédés s'appliquent : les uns aux impressions de sujets au trait, aux copies d'originaux où le dessin et le modelé sont formés par des points ou traits d'un noir absolu, sans l'intervention de demi-teintes graduées; les autres, à n'importe quelles reproductions de sujets à modelés continus.

Procédé au charbon applicable au trait. — Le moyen le plus simple de préparer du papier pour les impressions d'images au trait, à base de charbon, est celui qu'emploie la maison Artigue, de Bordeaux. Le papier est simplement recouvert d'un mélange d'encre de Chine (ou tout autre noir de carbone) et d'albumine ou gomme, sensibilisée avec une dissolution concentrée d'un sel de chrome, par le dos du papier. Cette préparation, après une insolation suffisante, donne des images très complètes à l'aide d'un simple développement à l'eau; celle-ci dissout toute la matière organique non impressionnée, et il ne reste sur le papier que les parties de la mixtion colorée et insolubilisée par la lumière, soit l'image.

M. Artigue a fait de la préparation de ce papier une spécialité. Il a cherché, par une préparation analogue, à reproduire directement des clichés à demi-teinte; nous allons nous en occuper plus loin.

Les préparations propres aux *impressions modelées* sont à base de gélatine mélangée à une matière colorante, charbon en poudre ou autre.

Des maisons industrielles fabriquent ces papiers mixtionnés; ce sont, entres autres, la maison Braun et Cᵉ, à Paris; Van Monckhoven, à Gand (Belgique); Lamy, à Courbevoie (Seine).

Le principe du procédé est le même : la gélatine est insensibilisée par une solution d'un sel de chrome. Le développement s'effectue à l'eau chaude. L'épreuve, pour être obtenue dans le sens convenable, soit redressée, doit d'abord être développée sur un support provisoire, d'où on la transfère sur le support définitif. A l'aide de clichés redressés, ou d'appareils d'agrandissement, on peut obtenir directement et sans transfert ultérieur l'image dans son vrai sens. Ce procédé donne d'admirables résultats et, bien qu'il tende à se répandre toujours davantage, il est à regretter qu'il ne soit pas encore d'un emploi suffisamment général.

L'Exposition de 1889 nous en a montré de nombreux spécimens, parmi lesquels de fort beaux; citons notamment ceux de la maison BRAUN et Cⁱᵉ. Cette maison mérite, à cet égard, une mention toute spéciale; elle est résolument entrée, dès le début de ces procédés, dans la voie des applications, aux reproductions des œuvres d'art, de méthodes produisant des images stables. Elle exécute par le procédé au charbon tout l'ensemble de son tirage des reproductions de tableaux et dessins des musées et expositions d'œuvres d'art.

Les papiers mixtionnés qu'elle emploie sont de sa propre fabrication; ils donnent des tons variés et du plus bel effet. Chacune des épreuves sortie des ateliers Braun équivaut à une belle estampe, avec l'exactitude indiscutable en plus. Des collections de copies aussi remarquablement exécutées et d'une stabilité parfaite peuvent figurer dans les musées et bibliothèques sans crainte de les voir se faner, dépérir et disparaître.

Ce procédé offre sur les impressions photo-mécaniques, dont il va être question, l'avantage qu'il se prête au tirage d'épreuves isolées. La maison Braun possède plus de 80,000 clichés des tableaux et dessins de tous les principaux musées d'Europe; il lui serait vraiment trop onéreux de créer des planches, en vue de tirages mécaniques, pour un aussi grand nombre de sujets, tandis qu'elle peut, par le procédé au charbon, n'établir que des échantillons de chaque œuvre, sauf à tirer d'un cliché, et suivant les demandes, un nombre restreint de positifs.

D'ailleurs, il est difficile de dépasser par n'importe quel moyen le rendu si complet des épreuves au charbon; aussi croyons-nous qu'on ne saurait actuellement arriver à mieux faire par aucune autre méthode. Ce procédé se prête en outre à toutes les dimensions et à toutes les applications, sans parler des variétés de coloration dont il a été question plus haut.

M. BELLINGARD, photographe à Lyon, faisant usage de mixtions colorées fabriquées par MM. Braun et Cⁱᵉ, a de son côté, dans l'application au portrait et aux fleurs, montré ce que l'on peut attendre du procédé au charbon. Son exposition a été très remarquée; elle servait de réponse à ceux qui objectent que l'impression dite *au charbon* ne peut rivaliser avec les images sur papier albuminé.

Les travaux au charbon de M. Bellingard, qui, d'ailleurs, emploie ce procédé à tous ses tirages, montrent qu'il possède à fond la connaissance de cette opération, délicate et difficile, quand elle n'est pas dirigée par des personnes suffisamment initiées à cette pratique.

Le modelé et la vigueur s'y marient au sein d'une harmonie et d'une énergie que l'on peut modérer à son gré, et la beauté de l'œuvre accomplie n'a rien à redouter de l'action du temps, pas plus que des atteintes atmosphériques.

L'exemple donné par M. Bellingard est un de ceux que l'on devrait imiter; la beauté de ses résultats est bien faite pour encourager à suivre cette voie; nous ne saurions trop y insister.

Bien d'autres photographes encore, sans arriver peut-être à autant de perfection que les deux maisons citées déjà, recourent au *charbon* soit pour leur œuvre totale, soit, surtout, pour les agrandissements. Ces sortes d'épreuves, coûtant assez cher et étant destinées à une plus longue conservation, exigent l'emploi de procédés indélébiles; le procédé au charbon est bien l'un de ceux qu'on peut appliquer avec le plus de raison en pareil cas.

M. Bouillaud (Gustave), à Mâcon, est au nombre de ceux qui savent le mieux tirer parti de ce mode d'impression pour l'appliquer à des œuvres empreintes d'un cachet artistique tout spécial. Les sujets qu'il a exposés sont tous au charbon; ils sont d'une délicatesse de rendu qui permet de les classer dans les premiers rangs des études d'art accomplies à l'aide de la photographie.

Nous pourrions citer encore bien des noms de photographes et d'amateurs cultivant avec succès le procédé au charbon; ce sont MM. Félix Barthélemy, photographe, à Nancy; Carette et Cie, photographes, à Bois-Colombes (Seine); Chéri-Rousseau, photographe, à Saint-Étienne; Émile Chesnay, photographe, à Dijon; Noël Coudan, à Lyon; Albert Courrier, photographe, à Paris; Mme veuve Dagron, à Paris; Louis Doisen, à Paris; Faure père et fils, à Lille; Gravereaux, amateur de photographie, à Paris; Haincque de Saint-Senoch, amateur, à Paris; Harrisson et Cie, à Bois-Colombes; Charles Jacquin, amateur, à Paris; Ladrey, photographe, à Paris; E. Lamy, à Courbevoie; Liébert, photographe, à Paris; Louis Martin, photographe, à Nantes; Mourgeon, photographe, à Paris; V. Pannelier, photographe, à Paris; Eugène Pirou, photographe, à Paris; Géruzet frères, à Bruxelles; Waléry, à Londres.

Il est à remarquer combien il est peu fait usage encore du procédé au charbon dans la plupart des pays étrangers représentés à l'Exposition, et surtout dans nos colonies françaises et dans l'Amérique méridionale.

La question climatérique doit jouer un rôle et exercer une influence dans le retard apporté à la propagation de cette méthode. Il faut sans doute attendre, pour que l'emploi des mixtions colorées soit courant dans les régions très chaudes, que de nouvelles préparations, en vue de ces climats, aient été découvertes. Par exemple, il faut user d'une gélatine douée de plus de résistance à l'action des bains d'eau trop chaude par l'effet de la température normale, de bains de bichromate bien moins saturés pour éviter l'insolubilisation spontanée, rapide, des mixtions sensibles.

Jusqu'à ce que ces perfectionnements aient été apportés au procédé qui nous occupe, il sera d'un usage difficile dans tous les pays chauds.

M. Artigue fils a exposé les premiers résultats obtenus par lui à l'aide d'une préparation à base de charbon et qui présente l'avantage de donner directement l'image
modelée dans son vrai sens, sans qu'il y ait lieu à transfert.

Le procédé Artigue constitue une des nouveautés de l'Exposition. La préparation
spéciale propre à ce procédé est formée par un enduit pulvérulent. L'aspect en est
velouté; on dirait de la poussière de charbon tamisée sur du papier recouvert d'une
couche de gélatine mince tandis qu'elle est encore humide. L'excès de la matière
noire est enlevé après dessiccation, très probablement; de là l'aspect observé. Quelle
que soit d'ailleurs la façon, non indiquée, de préparer le papier, il est, tout comme les
préparations précédentes, sensibilisé avec une solution d'un sel de chrome et exposé à
la lumière sous un négatif à demi-teintes.

Le développement s'opère à l'eau chaude additionnée de sciure de bois, que l'on
fait couler sur la surface impressionnée. Cette sorte de pinceau liquide produit un
frottement moins doux que l'eau seule, mais pas assez violent pour érailler l'image.
On prolonge autant qu'il est nécessaire ce traitement à l'eau tiède et l'image apparaît
graduellement.

Ce procédé produit des impressions d'un effet artistique charmant; il se prête bien
à la reproduction des dessins au crayon, à l'estompe ou au fusain et aussi des paysages
et vues de monuments.

Pour le portrait, il convient de ne traiter ainsi que des têtes d'une assez grande
dimension.

Le grain, qui persiste dans l'ensemble de l'image, pourrait nuire à la pureté des
détails des sujets très réduits.

Ce qu'il y a de particulier dans ce procédé, c'est que l'image vient dans son sens
direct sans qu'il y ait lieu à une double opération.

L'explication de ce fait nous semble aisée : la poudre répandue à la surface du papier et maintenue par la gélatine bichromatée laisse passer, à travers ses interstices,
les rayons de lumière qui vont insolubiliser la gélatine précisément dans les endroits
correspondant aux parties translucides du négatif.

Le grain, en pareil cas, joue absolument le même rôle que celui que l'on emploie
dans la photogravure avec de la poudre de résine ou de bitume, régulièrement déposée
à la surface des planches à graver.

Partout où la lumière n'a pas agi du tout, la gélatine, soluble en totalité, s'en va,
emportant les grains de charbon qui y adhéraient; là au contraire où la lumière a eu
son maximum d'action, l'insolubilisation est totale; il en résulte une partie absolument
noire; entre ces deux effets extrêmes se produisent des dégradations proportionnelles
à l'intensité de l'action lumineuse ou, autrement dit, à la translucidité du négatif, la
gélatine retenant d'autant moins de grains de charbon que la lumière a été plus faible,
et d'autant plus qu'elle a été plus intense.

Nous ne savons ce que deviendra ce procédé lors de sa mise en exploitation, mais il s'appuie sur un principe très intéressant et dont il est permis d'entrevoir, dès maintenant, des applications immédiates à la photogravure et à la photographie céramique. Il conviendra de ne pas oublier alors que c'est à M. Artigue fils qu'on doit et qu'on devra les premiers éléments de ces utiles applications.

Impressions aux poudres à l'aide d'enduits poisseux. — Les images au charbon ou formées d'autres matières colorantes peuvent être obtenues par une autre méthode; la matière colorante n'est pas introduite d'abord dans la couche sensible et elle n'intervient qu'après l'action de la lumière.

Le mucilage dans ce cas est composé d'une ou plusieurs substances hygroscopiques, telles que le sucre, la gomme, le miel. L'enduit est le plus souvent sensibilisé par un sel de chrome, bien qu'on ait parfois recours à un autre moyen que nous allons indiquer.

La lumière en agissant sur le mucilage hygroscopique lui fait perdre cette propriété, de telle sorte que la couche ne peut plus, une fois impressionnée, attirer l'humidité ambiante.

Les parties non actionnées par la lumière conservent leur déliquescence à un degré proportionnel à l'intensité de l'action lumineuse. Si, après insolation à travers un cliché (positif dans ce cas), on expose la couche hygroscopique à l'air libre, elle absorbe bientôt de l'humidité, devient par suite poisseuse, plus ou moins, aux endroits humides, et de la poussière de charbon ou de toute autre nature promenée à la surface de cet enduit est retenue partout où il est poisseux.

L'image se développe ainsi avec netteté et vigueur, et l'on peut soit la transporter sur papier, ainsi que le faisait Poitevin, soit, formée d'oxydes métalliques, en faire l'objet d'un transport sur émail et la transformer, par voie de cuisson, en image céramique.

Dans le cas où l'on voudrait user d'un négatif pour atteindre au même résultat, on se sert d'un mélange d'acide tartrique et de perchlorure de fer. Cette composition est, à l'encontre de la première indiquée, dépourvue tout d'abord d'hygroscopicité et elle n'acquiert la propriété d'être hygroscopique que sous l'influence des rayons lumineux, ceux-ci transformant le perchlorure en protochlorure de fer en présence de l'acide organique.

La présence du sel de fer offrant certains inconvénients, il est le plus souvent fait usage des préparations hygroscopiques sensibilisées avec un sel de chrome.

Quelques très beaux échantillons de ces impressions ont été admirés à l'Exposition, en tête desquels nous devons citer les émaux de M. MATHIEU-DEROCHE. Ce photographe habile est passé maître en matière de photographie sur émail.

M. DE ROYDEVILLE, amateur des plus distingués, nous a présenté aussi une fort belle collection d'émaux photographiques. Cette application particulière est cultivée par de rares amateurs; aussi l'œuvre de M. de Roydeville, dans cette voie, mérite-t-elle une mention toute spéciale, d'autant mieux qu'il y réussit admirablement.

CLASSE 12.   4

En parcourant l'Exposition, nous y rencontrons encore quelques émaux exécutés chez MM. Paul Boyer, Albert Colrrier (Paris), Claudius Couton, à Vichy (Allier): Otto, photographe, à Paris; Pinel-Peschardière, Waléry (Chary), de Paris.

Disons à ce propos qu'il est des émaux qui s'obtiennent d'une tout autre façon, quand, par exemple, on remplace, dans une image à l'argent, ce dernier métal par du platine, ce qui s'appelle procéder par *voie de substitution*. L'argent ne résisterait pas à l'action d'une température de 700 à 800 degrés, tandis que le platine n'en est pas atteint et peut former une image cuite à la surface d'une plaque émaillée.

Il se peut que parmi les œuvres exposées il s'en soit trouvé d'exécutées par ce procédé. Cela importe peu. Dès que l'image a subi l'épreuve du feu, elle est durable et il n'y a plus qu'à tenir compte de ses qualités artistiques ou autres. La méthode opératoire n'a plus qu'une valeur secondaire.

IMPRESSIONS PHOTOMÉCANIQUES.

Les diverses méthodes que nous allons successivement examiner se distinguent des précédentes par ce fait que le prototype positif ou négatif ne sert qu'à la production d'une planche d'impression, les copies ou épreuves étant successivement imprimées avec cette planche sans une nouvelle intervention de la lumière.

La lumière remplace le dessinateur ou le graveur dans les travaux de lithographie ou de gravure; ce qu'exécute la main de l'artiste sur la pierre, le zinc ou le cuivre, c'est la lumière qui le fait et il n'y a plus qu'à accomplir des opérations matérielles, l'œuvre première, celle qui relève de l'art du dessin, se trouvant entièrement due à l'action photographique.

Cette branche des travaux photographiques devient chaque jour plus importante; un très grand nombre d'ouvrages d'art et de science sont illustrés par ces procédés auxquels on doit tant d'exactitude et de précision, et il n'y a pas jusqu'aux publications les plus courantes qui n'usent de ces procédés de gravure et d'illustration.

Nous nous attacherons donc à faire de ces méthodes, qui constituent un des plus grands progrès et une des plus fécondes applications de la photographie, un examen des plus sérieux. Il se peut qu'un jour les moyens employés se trouvent pour ainsi dire oubliés, noyés qu'ils seront dans l'œuvre d'ensemble de l'imprimerie, et que les illustrations soient publiées sans rappeler leur origine photographique. Nous marchons déjà vers cet oubli. N'avons-nous pas vu de grandes maisons de photogravure renier notre classe, quoique leurs travaux soient essentiellement photographiques?

Ne voyons-nous pas, chaque jour, paraître des planches de photogravure où rien n'indique, sauf pour l'homme compétent, qu'il y ait eu là une application photographique?

Nous ne serions pas étonnés, en présence de ces faits, qu'il se produisît bientôt une ligne de démarcation nettement tranchée entre la photographie directe, produisant les épreuves de la première catégorie que nous avons appelées *impressions photochimiques*, et celle de cette deuxième catégorie ou impressions photomécaniques.

Les photograveurs les plus conciliants, MM. Dujardin, Michelet, Georges Petit, Fernique, Orell-Fusli et d'autres encore, ont adopté un moyen transitoire consistant à exposer à la fois dans les classes 11 et 12. M. Yves n'a exposé que dans la classe 12. Le *Natura non facit saltus* (de Linnée) se trouve encore justifié. Nous avons toute la gamme successive du photograveur fidèle absolument à la photographie, sa cause première, jusqu'au photograveur qui bientôt supprimera le radical, lumière, pour n'être plus simplement qu'un graveur, tout court.

Cette évolution entraînera, comme conséquence immédiate, le départ de la photolithographie et de la photocollographie, qui ne sont en définitive que des procédés absolument analogues et semblables à la lithographie pure, abstraction faite du principe photographique.

Cette séparation est-elle nécessaire, est-elle rationnelle? Mon Dieu! la réponse est peut-être difficile à faire de manière à donner satisfaction à tout le monde; aussi n'en parlerons-nous que d'après notre idée personnelle sans engager l'opinion d'aucun de nos collègues du jury.

Nous pensons que cette distinction s'imposera forcément dès que l'emploi des méthodes photomécaniques aura fait de nouveaux progrès encore et se sera vulgarisé davantage.

La connaissance des principes théoriques et des manipulations pourra relever toujours du photographe, compétent en matière de travaux chimiques et optiques, mais les résultats qui feront partie intégrante de l'œuvre d'ensemble de l'imprimerie iront avec elle et ils seront jugés suivant leur valeur artistique et aussi suivant les conditions de facilité offertes au tirage et de leur prix de revient, questions qui importent peu à la photographie proprement dite.

C'est là une chose rationnelle autant qu'il l'est déjà d'oublier une infinité des moyens de mise en œuvre pour ne s'occuper que du but, que du résultat, dans une foule d'industries où le procédé (ou tour de main) qui est propre au fabricant devient indifférent pourvu qu'il soit la source d'un produit excellent, rapidement obtenu et à peu de frais.

Nous pouvons nous attendre à voir la photogravure, ou mieux les arts photomécaniques d'impression, déserter graduellement nos expositions purement photographiques pour se grouper au sein des arts graphiques d'impression appartenant à la classe dite *de l'imprimerie et de la librairie;* mais il n'en restera pas moins, dans la classe de la photographie, tout l'ensemble des procédés susceptibles de produire soit des images ou copies effectuées par des actions successives de la lumière, soit des réserves à la surface des papiers et planches de la photolithographie et de la photogravure. Tout ce qui peut relever de la science continuera donc à être de notre domaine et le champ, s'il n'est aussi vaste, n'en sera pas moins des plus intéressants à explorer.

4.

Nous avons indiqué plus haut les diverses catégories de procédés photomécaniques ; il nous reste à passer en revue chacune d'elles.

E. Photolithographie, Photozincographie.

Le mot *photolithographie* désigne tout procédé permettant soit de créer sur la pierre lithographique une réserve à l'aide de la lumière, soit de faire la même opération sur un support transitoire, papier ou pellicule, et de transférer ensuite ou de décalquer sur la pierre lithographique l'image obtenue ; le tirage ultérieur relève de la photographie courante.

Il en est de même pour la photozincographie, la seule différence consistant dans l'emploi de feuilles de zinc au lieu de pierres lithographiques.

Ces procédés, bien que d'un emploi très courant, sont peu représentés à l'Exposition ; nous en avons pourtant des spécimens remarquables dans la vitrine de MM. Aost et Gentil, qui sont parvenus à imprimer, par des procédés de cette sorte, des copies de plans et dessins d'exécution de très grande dimension.

L'impression est naturellement indélébile, et pour des tirages multiples, sans que le nombre des exemplaires doive nécessairement être très élevé, il y a, dans l'abaissement du prix de revient, un bénéfice sérieux.

Les maisons Orell-Fusli et Cⁱᵉ, à Zurich (Suisse), Ekstein, à la Haye (Pays-Bas), ont fait de la photolithographie une application des plus intéressantes à des impressions polychromes à demi-teintes.

Photolithographie à demi-teintes. — La base de ce procédé est l'emploi d'une pierre lithographique recouverte d'un fin réseau de lignes parallèles ; on recouvre la pierre d'un enduit formé de cire, de bitume et d'acide stéarique dissous dans de l'essence de térébenthine ; quand cet enduit est sec, on produit le réseau de lignes parallèles à l'aide d'une machine à régler qui porte un stylet muni d'un diamant.

Il y a huit à dix de ces lignes au millimètre. Cela fait, on borde la pierre avec de la cire à modeler et on grave les lignes à l'aide d'un mordant.

Ce liquide est rapidement et uniformément répandu sur la pierre, où on le laisse agir pendant une demi-minute ; on lave bien ; la pierre est ensuite huilée, puis l'enduit est enlevé avec de la térébenthine et l'on a enfin la pierre mère. On peut aussi produire une pierre de ce genre avec des lignes creusées de diverses façons. On tire d'une de ces surfaces une épreuve sur papier de transfert, ce qui sert à transporter le réseau sur une autre pierre bien polie et y transférer ensuite une image au charbon que l'on développe à sa surface ; après quoi l'on grave la pierre avec une solution de perchlorure de fer.

On procède ensuite comme dans la lithographie courante ; ce procédé s'applique bien aussi à la production d'images polychromes.

M. Ekstein emploie aussi l'impression directe sur bitume avec un grain formé par de la poudre de bitume ou de bronze.

MM. Orell-Füssli, de Zurich, font usage de procédés analogues pour leurs travaux de polychromie, remarquables surtout par le coût peu élevé de leurs tirages, dont quelques-uns sont vraiment supérieurs à toutes autres productions analogues.

F. Photocollographie.

Ce mot désigne un procédé d'impression à l'encre grasse sur une couche de gélatine continue.

Ce nom, lors du Congrès international de photographie de 1889, a remplacé celui de *phototypie*, que l'on retrouve encore dans le catalogue officiel de l'Exposition et dont l'acception plus rationnelle s'adapte mieux aux épreuves phototypographiques.

La photocollographie constitue une sorte de photolithographie, avec cette différence que la pierre naturelle est remplacée par une couche artificielle possédant des propriétés semblables.

On sait que la pierre lithographique (ou le zinc) a la propriété d'être hygroscopique; ses pores, non garnis de matière grasse, sont avides d'eau; aussi, lorsque le rouleau, chargé d'encre grasse, est passé à la surface de la pierre, il dépose cet enduit partout où il rencontre des espaces dépourvus d'eau, là seulement où se trouve la réserve grasse préalablement déposée sur la pierre.

La couche photocollographique agit de même, mais on arrive à lui donner les propriétés de la pierre photographique par des moyens absoluments différents et qu'il est facile de faire comprendre en quelques mots.

Cette couche est formée tout simplement par de la gélatine bichromatée. Déjà nous avons indiqué l'action que produit la lumière sur un semblable enduit, action d'insolubilisation, à l'eau chaude, des parties insolées. Ces parties sont en même temps coagulées et elles cessent d'absorber de l'eau alors que les parties non insolées se gonflent tout comme la gélatine ordinaire.

Tel est le principe de la photocollographie. Après insolation de la couche de gélatine à travers un négatif, on a des parties de la surface susceptibles d'absorber de l'eau, d'autres, au contraire, ayant perdu cette faculté.

Si donc, après avoir mouillé convenablement cette surface, on y promène un rouleau encré, il se produit exactement le même fait que sur une pierre lithographique : l'encre ne peut s'attacher partout où l'enduit est humide, tandis que partout où il est sec, elle adhère; on a, en un mot, une pierre lithographique artificielle.

Ce procédé, propre à la reproduction de tous les genres de sujets, donne des résultats très beaux quand il est pratiqué avec habileté; il l'emporte de beaucoup sur les impressions photo, litho ou zincographiques, et la facilité de la mise en œuvre y est si grande, le coût du prix de revient en est si peu élevé, que l'on est vraiment surpris du peu d'empressement mis par les lithographes à s'emparer d'un procédé qui leur rendrait de si grands services.

Pour le moment, ce sont des maisons spéciales qui exploitent la photocollographie. Parmi les principaux exposants d'œuvres de cette sorte, nous citerons MM. Braun et Cie, Berthaud frères, Quinsac et Bacquié[1], Anon frères, à Paris; Louis Bellotti, à Saint-Étienne; Peigné père et fils, à Tours; Pilanski et Cie, à Gentilly (Seine); Sylvestre et Cie, Larget, à Paris; Leroux, à Alger; J. Maes, à Anvers (Belgique); la Société anonyme des arts graphiques, à Bruxelles; la Société fermière des applications photographiques, à Paris.

Nous ne trouvons que fort peu d'exposants de photocollographie dans les autres sections, sauf pourtant dans le Portugal, où M. Carlos Relvas a exposé une fort belle collection d'épreuves collographiques. M. Carlos Relvas a le double mérite d'avoir été l'importateur de ce beau procédé dans son pays et d'avoir, avec une persévérance digne des plus grands éloges, cultivé lui-même cet art spécial; il a accompli et publié, de la sorte, des œuvres considérables et qui lui font le plus grand honneur.

Nous réservons une mention toute particulière à M. Balagny, qui lui aussi a fait de la photocollographie en amateur et exposé des œuvres magistrales.

Mais si nous en parlons, après l'énumération complète des exposants des travaux de ce genre, c'est que déjà, pendant l'Exposition, M. Balagny s'occupait d'un moyen de remplacer le support rigide de la photocollographie ordinaire par un support flexible pelliculaire, recherche qu'il n'a cessé de poursuivre depuis et, pensons-nous, avec un succès digne de ses efforts.

Nous avons, à dessein, omis le nom de M. Raymond, parce qu'il mérite, lui aussi, une mention à part.

M. Raymond a voulu que l'*autocopiste*, outil qui sert à des travaux d'autographie courante, pût servir à des impressions photocollographiques; avec une insistance dont le rapporteur a été témoin, il a recherché le meilleur moyen de transformer la feuille de parchemin gélatiné de l'autocopiste en une couche imprimante après une sensibilisation au bichromate de potasse et une insolation tout comme dans la collographie ordinaire.

Son support pelliculaire, une fois tendu sur le stirator de l'appareil dit *autocopiste*, est traité comme toutes les autres planches collographiques, soit : mouillé, encré au rouleau, et l'impression a lieu sur une simple presse à copier les lettres, ce qui met ce procédé, ainsi modifié, à la portée du plus grand nombre.

Les épreuves que l'on imprimait à l'Exposition sur l'autocopiste et sous les yeux du public étaient la meilleure démonstration de l'utilité pratique de cette méthode et de la valeur de ses résultats.

Nous aurions pu nous attendre à voir de plus nombreuses applications de la photo-

---

[1] M. Rouillé, successeur.

collographie, notamment à des impressions sur tissus, à la création de dessins propres à la retouche par des artistes habiles à manier le crayon et l'estompe. Nous savons que des travaux de ce genre s'exécutent avec un grand succès, notamment dans la maison Berthaud frères. C'est une voie à suivre. Les grandes masses, avec des détails suffisants, sont imprimées par la collographie; l'artiste arrive à les compléter sans peine et l'œuvre finale l'emporte en velouté, en valeur et en aspect artistique sur celles qui, de la même façon, sont exécutées sur des platinotypies ou des impressions au bromure d'argent.

La mise en œuvre première, soit la création de la planche imprimante, effraye les personnes non initiées à la pratique de ce procédé; mais elle est vraiment sans importance; aussi est-il permis d'espérer que l'on arrivera à un emploi plus fréquent de ce merveilleux moyen d'impression.

Les petits portraits si fins, si harmonieusement modelés de M. Larger, sont un exemple de ce que l'on peut faire avec la collographie, même pour des tirages d'épreuves d'un format réduit.

G. Phototypogravure ou gravure en relief.

Les méthodes dont nous venons de nous occuper procèdent par impressions planographiques ou, autrement dit, sur surfaces planes dont on utilise certaines propriétés hygroscopiques pour obtenir le dépôt d'encre sur les seules parties sèches, aptes, par conséquent, à retenir le corps gras. Ce sont là des procédés basés sur des affinités chimiques. La nouvelle série de moyens graphiques que nous allons examiner repose sur des faits absolument physiques quant à l'impression des copies; ils sont de deux sortes : l'une a trait aux impressions sur des reliefs recouverts mécaniquement d'encre grasse; c'est ce que nous appelons de la *phototypogravure*. Dans ce procédé, l'art du phototographeur consiste à déposer à la surface du métal à graver, pierre, zinc ou cuivre, une réserve créée par l'action de la lumière.

On y arrive par deux moyens distincts :

1° Par voie de report d'une première épreuve sur papier que l'on décalque sur le métal;

2° Directement par une impression immédiate à la surface du même métal, recouvert soit d'albumine bichromatée, soit d'une solution de bitume de Judée dans de la benzine.

Il va sans dire que les procédés directs donnent toujours une finesse plus grande, un rendu plus parfait que les moyens indirects. Aussi nos principaux photograveurs, quand ils ne sont pas obligés d'en passer par la voie du transfert, aiment-ils mieux agir directement sur une couche sensible placée à la surface des plaques du métal à graver.

La phototypogravure se subdivise en deux genres de travaux différents : il y a d'abord la phototypogravure de sujets au trait d'après des originaux noirs et blancs. C'est l'œuvre la plus courante; elle est aujourd'hui aussi parfaite que possible, et nos bons photograveurs, MM. Gillot, Michelet, Yves, Fernique, van den Hove, ont envoyé à l'Exposition des résultats qui ne laissent vraiment rien à désirer. Citons encore l'envoi de ce genre de MM. Thomas et Cie, de Barcelone.

L'autre genre de phototypogravure est celui qui a pour objet la transformation en clichés typographiques de sujets à demi-teintes ou à modelés continus.

On sait que ce qui caractérise spécialement l'épreuve typographique, c'est d'être formée par des points ou lignes d'un noir absolu, sans qu'il puisse exister une demi-teinte continue quelconque. Le graveur au burin sur bois dispose ses hachures ou, autrement dit, ses tailles de façon à arriver au modelé voulu sans qu'il ait à compter, quelle que soit l'intensité ou le moelleux de ses teintes, sur autre chose que sur du blanc et du noir. Les graveurs au burin, en taille-douce, n'agissent pas autrement, et l'œuvre gravée, si modelée qu'elle soit, est toujours formée par des points, traits ou hachures, plus ou moins distants, plus ou moins serrés. Pour transformer en une typographie une épreuve photographique, modelée comme le sont toutes les photographies directes sur nature ou d'après des œuvres d'art, il y avait donc à chercher un moyen ou un artifice susceptible de conserver l'effet exact des demi-teintes, tout en les obtenant à l'aide de points ou de lignes venant à l'impression en noir absolu sur un fond entièrement blanc.

Diverses méthodes conduisent à ce résultat; il y a tout d'abord celle qui est due à M. C.-Guillaume Petit, inventeur d'un procédé de similigravure qu'il exploite et avec lequel il arrive couramment à transformer en phototypographies toute épreuve photographique ou n'importe quel dessin original à demi-teinte.

Le procédé Guillaume Petit est basé sur la compression d'un relief en gélatine contre une surface grainée dont les grains sont plus ou moins enfoncés proportionnellement aux dépressions du relief.

La surface de ce relief ayant été préalablement noircie, il se trouve du noir déposé précisément dans les conditions voulues pour que l'image qui en résulte présente le caractère typographique.

Un cliché négatif sur collodion est tiré d'après cette image, et ce cliché sert à insoler la couche de bitume déposée sur la plaque, cuivre ou zinc, du métal à graver.

Théoriquement, ce procédé de transformation doit donner des résultats d'une exactitude parfaite.

M. Guillaume Petit est seul encore, en vertu de son brevet, à exploiter, en France, ce procédé phototypographique.

Il est d'autres moyens, avons-nous dit, d'arriver au même résultat. Le principal d'entre eux consiste dans l'emploi d'un réseau ou trame que l'on interpose entre le négatif et la couche sensible étendue sur la planche à graver. Comme il faut éviter qu'il n'existe entre cette couche sensible et le négatif un vide ou une épaisseur quelconque, on arrive à faire cette interposition en procédant comme il suit :

Un diapositif, imprimé par contact sur glace, d'après le négatif original, est placé contre un cliché de trame, et le tout est disposé, la trame en avant, de façon à être reproduit à la dimension voulue dans la chambre noire.

L'objectif *voit* (nous parlons ainsi pour nous faire comprendre) le diapositif à reproduire à travers un grillage, et il réfléchit sur la plaque sensible, placée dans la chambre noire, le réseau et l'image vue en arrière de ce réseau.

Par un fait optique de réfraction très curieux, on ne retrouve sur la plaque sensible, lors du développement, que des traits ou points plus ou moins distants, plus ou moins épais, d'où résulte le modelé final, absolument comme sur la planche gravée au burin.

Le développement, après insolation, met le métal à nu dans les parties qui correspondent aux blancs, et la morsure chimique suit son cours d'après les moyens habituels pour creuser plus ou moins profondément suivant que les traits ou points sont plus ou moins rapprochés.

D'autres photograveurs appliquent directement le réseau sur le négatif en employant des moyens de transfert qui ne donnent pas d'épaisseur.

Quant aux dessins exécutés à la main, on arrive, à l'aide de certains papiers, à obtenir que l'œuvre artistique soit immédiatement propre à une reproduction phototypographique.

La maison MICHELET est la seule qui ait exposé dans la classe 12 des photogravures typographiques à demi-teinte exécutées avec l'emploi d'un réseau ligné.

D'autres, et M. POIREL est du nombre, emploient un grain artificiel qui n'est pas une ligne. Ce moyen donne aussi de bons résultats; mais quand il s'agit de reproductions de figures, nous trouvons la ligne préférable au pointillé, surtout pour des sujets très réduits.

Ces procédés de transformation sont employés avec un grand succès par diverses maisons françaises qui n'ont pas exposé à la classe 12, notamment par MM. Boussod, Valadon et Cie, sous l'habile direction de M. Manzi, par MM. Guillaume frères : ils sont indispensables à l'emploi de la photographie dans les ouvrages où les planches de gravure doivent être intercalées dans la composition typographique et imprimées avec le texte; de là leur importance.

Il est regrettable que l'Allemagne et l'Autriche, où ces procédés sont pratiqués d'une façon si parfaite par les maisons Angerer (Vienne), Meisenbach (de Munich), Klich, à Vienne, et tant d'autres encore, n'aient pas participé à notre Exposition, où ils auraient pu envoyer de si intéressants spécimens de leurs travaux phototypographiques au trait aussi bien qu'à demi-teinte.

Cette branche des applications photographiques est appelée à devenir de plus en plus considérable, et il sera intéressant d'en suivre les progrès qu'enregistrera certainement le rapporteur de la prochaine Exposition universelle.

Nous ne devons pas omettre le parti que peut tirer la décoration céramique de ces méthodes d'impression phototypographique à demi-teintes. Des expériences que nous avons faites dans cette voie, il résulte que le poudrage avec des oxydes métalliques, alliés à des fondants, s'opère très bien sur l'impression au vernis gras des réseaux les plus serrés. Si cette impression a eu lieu sur un papier recouvert de gomme ou d'un enduit isolant analogue, on obtient des images que l'on décalque facilement sur verre, émail, faïence ou porcelaine.

Nos divers spécimens exposés sont une preuve à l'appui de ce que nous affirmons. La conséquence de cette application, jusqu'ici malheureusement enrayée par la routine, est de produire pour la décoration céramique courante, quand il s'agit de reproductions d'œuvres d'art, de portraits, de vues prises sur nature et de fleurs, des dessins bien autrement complets, exacts et souvent plus artistiques que ceux qui sont exécutés sur la pierre lithographique en vue des impressions céramiques. Le jour de cette application viendra, et l'on sera étonné qu'on ait attendu aussi longtemps avant d'en user.

Aucun autre exemple de cette sorte, hors nos propres essais, n'existait dans l'Exposition.

Avant d'en finir avec la phototypographie, nous devons dire un mot des impressions polychromes si remarquables qu'elle permet de réaliser. Grâce à la possibilité de faire usage de trames ou réseaux divers, on peut, dans l'exécution des clichés monochromes, varier la nature du modelé; lors de la superposition des divers tirages monochromes, cette variété produit un mélange favorable à l'harmonie d'ensemble.

MM. Boussod et Valadon sont arrivés dans cette voie à de fort remarquables résultats. Il en est de même des maisons Gillot et Cⁱᵉ et Michelet.

La polychromie phototypographique diffère, quant à l'aspect des épreuves, de celle de la chromolithographie, plus grasse, plus épaisse en couleurs. Les épreuves typochromiques se rapprochent davantage de l'aquarelle : le coloris est plus délicat, plus transparent; ce mode de coloriage mécanique convient mieux aux images où il faut une grande fraîcheur de ton, un coloris très léger.

L'introduction, dans le texte, de vignettes en couleurs diverses s'accommode parfaitement de cette légèreté, et l'emploi de ces procédés a permis d'enrichir bon nombre d'ouvrages déjà d'illustrations polychromes de l'effet le plus agréable et le plus séduisant.

En faisant usage des papiers propres au dessin typographique et à la suite de décalques d'un trait ou de la phototypographie complète sur ces papiers diversement grainés et lignés, on arrive à préparer aisément les monochromes destinés à concourir à l'ensemble de phototypochromie. C'est ainsi que s'exécute le travail dans la plupart des ateliers de phototypogravure. Les épreuves polychromes exposées par M. Michelet montrent les excellents résultats ainsi obtenus.

M. Klary a exposé quelques spécimens de phototypographie dus à un procédé qui n'est qu'une variante des procédés à réseaux.

La base en elle-même a son importance, mais c'est l'exécution qui est tout : le public ne se préoccupe pas des moyens; il n'accorde son attention qu'à ce qu'ils produisent, et c'est bien pour cette raison, entre autres, qu'on en arrivera plus tard à séparer dans la photographie les procédés des œuvres produites, ainsi que cela a lieu pour beaucoup d'applications industrielles, dont le matériel et les procédés sont classés à part des résultats.

H. Photogravure en creux ou taille-douce.

La photogravure en creux, comme l'indique son nom, agit à l'inverse de la phototypogravure; ce sont les creux qui prennent l'encre et impriment l'image.

Ce genre de gravure se divise aussi en deux sortes distinctes : la photogravure de sujets au trait et celle des sujets à demi-teintes.

Si parfaite que soit l'exécution de la phototypogravure d'un dessin au trait, elle ne saurait rivaliser avec une photogravure en creux du même sujet.

L'impression typographique résultant de la compression du papier contre des reliefs chargés d'encre, il y a toujours à lutter contre la tendance qu'a l'encre à s'étaler, à élargir par conséquent les traits, et d'ailleurs l'œuvre de la morsure chimique, qui doit s'opérer de façon à obtenir des creux assez profonds, est plus difficile à diriger, surtout quand il faut réserver en relief des lignes d'une très grande ténuité.

Dans la photogravure en creux, la profondeur n'a pas à être très grande : il suffit presque d'érailler la surface d'une plaque de métal pour que cette éraillure retienne l'encre et imprime le trait.

Avec la délicatesse si grande des impressions sur albumine bichromatée ou sur bitume, à la surface des plaques, on arrive à mordre le métal dans des conditions de finesse égales à celles du cliché original (qui, en ce cas, est un positif); la résine protège très bien toute la surface de la plaque qui ne doit pas être entamée, et une seule opération suffit le plus souvent, sans être obligé d'y revenir pour obtenir des tailles creusées au point voulu. La maison Paul Dujardin exécute ces sortes de travaux avec une très grande habileté.

L'impression des clichés typographiques, pouvant s'opérer avec celle du texte, présente sur la gravure en creux un grand avantage; aussi celle-ci est-elle bien moins employée; si les planches sont d'une exécution facile, si elles sont susceptibles de produire des œuvres plus complètes, le prix de revient du tirage est bien plus élevé, à cause de l'obligation où l'on est d'essuyer les planches après les avoir bourrées d'encre.

Des essais d'impression mécanique des planches de gravure en creux ont pourtant été tentés et ils ont réussi, mais seulement avec des planches traitées isolément, soit sans être intercalées dans le texte.

On imprimait à l'Exposition des photogravures à demi-teintes de M. Dujardin sur une presse à vapeur de la maison Marcily, et, s'il semblait acquis que ce travail pourrait suffire pour des épreuves d'une valeur courante, on est loin encore d'être absolument arrivé dans cette voie.

Si, pour les reproductions courantes de sujets au trait, il est rarement fait appel à la photogravure en creux, il n'en est plus de même en ce qui concerne les sujets à demiteintes; ce beau procédé, nonobstant le coût plus élevé du tirage, est fréquemment employé et il produit des impressions admirables. Le modelé n'y est pas coupé par des blancs, ainsi que cela a lieu forcément dans la typographie; il est pour ainsi dire continu, bien que la présence d'un grain soit perceptible; mais cette granulation est tellement fine et serrée, que l'on a bien de la peine souvent à s'en apercevoir.

Divers procédés sont employés pour la photogravure en creux de sujets à demiteintes, et l'on pouvait voir à l'Exposition les travaux industriels d'un grand intérêt exécutés par les maisons LUMIÈRE, de Lyon, BRAUN et Cⁱᵉ, P. DUJARDIN, BOUSSOD, VALADON et Cⁱᵉ; les essais dus à M. PLACET et à M. MICHAUD.

Ces procédés peuvent se subdiviser en deux classes distinctes : ceux qui ont pour base la gravure par moulage galvanoplastique et ceux qui emploient la morsure chimique.

Dans le premier cas, la lumière est employée à donner un relief en gélatine avec production d'un grain à l'aide soit d'une poussière, soit d'un contractant qui réticule la gélatine. C'est ainsi qu'a opéré M. Placet; c'est ainsi que chez MM Goupil et Cⁱᵉ on obtenait les belles planches de photogravure exposées en 1878.

Le relief en gélatine donne par compression une contre-épreuve qui sert de moule galvanoplastique.

On peut encore mouler directement sur la gélatine en y coulant du plâtre, ainsi que l'a indiqué Poitevin dans son procédé d'hélioplastie, en y produisant un dépôt galvanoplastique direct sur la surface préalablement métallisée; enfin en y coulant, comme l'a fait M. Michaud, un alliage fusible à une basse température.

MM. Antoine LUMIÈRE et ses fils, de Lyon, ont exposé de magnifiques planches de photogravure et les tirages à l'appui. Sans connaître exactement le procédé qui donne de si admirables résultats, nous croyons pouvoir le classer parmi ceux où l'on opère par moulage galvanoplastique.

Assurément rien de supérieur à ces spécimens ne figurait dans l'Exposition, et nous sommes heureux de signaler de pareilles œuvres comme étant des plus complètes et des mieux réussies à tous égards parmi toutes celles qu'il nous a été donné de voir.

La deuxième série de procédés est celle qui emploie la morsure chimique. Le métal à graver est recouvert d'une couche de gélatine bichromatée qui y est déposée après qu'un grain convenable a été réparti sur toute sa surface. L'insolation à travers un positif étant faite, on fait agir sur le métal un mordant, qui est du perchlorure de fer; ce liquide traverse la gélatine proportionnellement à l'action de la lumière. La couche, en effet (procédé Talbot), est imperméable dans les endroits durcis, coagulés par une lumière intense; elle est, au contraire, facilement, rapidement traversée dans les endroits non impressionnés, et plus ou moins vite dans les endroits qui correspondent aux teintes graduées.

Le grain interposé arrête l'action du liquide acide, qui, sur tous les points où il rencontre cet obstacle, laisse le métal intact au-dessous.

Il faut quelquefois recommencer l'opération deux ou trois fois, en ayant bien soin de créer à l'avance des moyens sûrs de repérage absolu.

Ce procédé est celui qu'emploie M. P. Dujardin et aussi celui qui, chez MM. Boussod, Valadon et Cie, produit les belles photogravures désignées sous le nom d'*aquatinte photographique*.

La demi-teinte semble continue; aussi les œuvres de cette sorte constituent-elles des estampes souvent fort remarquables et bien évidemment supérieures à celles que produit la phototypographie la mieux réussie. Ces impressions ont un caractère artistique qui l'emporte de beaucoup sur les autres procédés; le gras, le moelleux, le velouté de l'aspect y sont absolument conservés, et l'on arrive de la sorte à des illustrations hors texte sans rivales.

La photogravure se prête à la polychromie et elle permet d'obtenir directement, ainsi qu'on le fait dans les ateliers d'Asnières, des impressions polychromes remarquables en une seule et même impression. Il est vrai que l'encrage est long et minutieux; il faut d'abord peindre, pour ainsi dire, sur la planche, en y déposant les valeurs et couleurs locales; la planche encrée ressemble à une peinture, et c'est cette mise en couleur, sur un dessin gravé et donnant la ligne et le modelé, qui, appliquée et pressée contre une feuille de papier, lui transmet une épreuve polychrome complète.

Il faut quelquefois plusieurs jours pour arriver à l'encrage en couleurs propre à une seule image, mais on se dédommage d'un coût de revient aussi élevé par la vente à un prix rémunérateur.

Ce procédé est employé, par la maison Boussod, Valadon et Cie, à l'illustration, entre autres, des *Lettres et arts,* magnifique ouvrage dont la phototypographie et la photogravure en creux monochrome et polychrome font le plus bel ornement.

I. Photoglyptie.

Ce procédé d'impression, dont le principe repose sur les inventions de Poitevin relatives à l'action de la lumière sur la gélatine bichromatée, a été inventé par Woodbury.

Il constitue une sorte d'impression mécanique d'épreuves au charbon ou à toutes autres couleurs inertes à l'égard de la gélatine.

L'encre qu'on y emploie est formée par un mélange de gélatine, d'eau et d'une matière colorante. Si c'est une couleur indélébile comme celle que donne une poudre de carbone, les épreuves seront inaltérables.

Ce qui caractérise ce mode d'impression, c'est qu'il s'opère par moulage. L'encre est étendue ou mieux versée à l'état liquide sur un moule en plomb obtenu par la compression, contre sa surface bien plane, d'un relief en gélatine. Ce relief est le résultat photographique.

Si une feuille d'un papier préparé *ad hoc* est posée sur le moule et pressée contre lui, l'encre en excès est expulsée, elle s'échappe par les bords et il ne reste que l'encre qui remplit les creux du moule. Cette encre, par le refroidissement, se fige; elle adhère de préférence au papier, le métal ayant été huilé, et l'on a, cinq minutes environ après la mise en pression, une épreuve en tout comparable à celles que produit le procédé au charbon.

Ce procédé est susceptible de bien des applications; malheureusement il est peu pratiqué par suite de l'impossibilité où l'on est d'imprimer, avec son aide, des images entourées d'une marge; il y a lieu à un rognage et à un montage ultérieurs.

Les maisons qui ont exposé des photoglypties sont celles de M. Patin, à Asnières, et de M. A. Block, à Paris; elle est aussi pratiquée dans les ateliers de MM. Braun et Cie.

Il est à souhaiter que ces asiles du procédé si intéressant qui nous occupe ne soient pas les derniers. Si l'estampe, proprement dite, n'est guère compatible avec un pareil mode d'impression, il se prête à des applications industrielles mieux qu'aucun autre des procédés d'impression connus et notamment à l'obtention d'épreuves polychromes métalliques du plus bel effet, ainsi que le prouvent nos propres résultats. Il servirait de la sorte et d'une façon merveilleuse à la décoration du mobilier.

Malheureusement, et c'est là un autre des inconvénients de ce procédé, il ne peut servir qu'à l'impression d'épreuves d'un format relativement réduit; le format 30×40 n'a pas été dépassé en France. Sans doute pourrait-on aller au delà, mais la mise en œuvre devient alors très difficile.

Nous en avons fini avec l'examen des divers procédés photographiques; occupons-nous maintenant du matériel, des accessoires photographiques.

CHAPITRE V.

APPAREILS, PRODUITS ET ACCESSOIRES PHOTOGRAPHIQUES.

Pour être logique peut-être, aurions-nous dû débuter par ce chapitre et renvoyer à sa suite les descriptions des procédés proprement dits.

Il faut, en effet, avant toutes choses, posséder les outils et les produits nécessaires avant de réaliser les divers procédés. D'autre part, il est juste de reconnaître que les réactions chimiques, que les découvertes de méthodes et de principes l'emportent hiérarchiquement sur le matériel d'un art quelconque, et se rapprochent plus directement du résultat, but final, que l'outil à l'aide duquel on y arrive.

Ces chapitres étant d'ailleurs distincts, l'ordre dans lequel ils se présentent perd de son intérêt et nous obéissons à cette pensée que l'on est mieux dans le sentiment esthétique en décrivant d'abord l'œuvre plus élevée, plus près de l'art qui nous occupe, et en indiquant ensuite ce qui est relatif à la partie plus mécanique, plus matérielle de l'exécution.

En fait de photographie, la perfection de l'outillage peut avoir une importance considérable sur le succès plus ou moins grand des opérations.

Objectifs. — Il ne faut pas oublier que l'œil qui est appelé à remplacer le nôtre est formé de lentilles de verre, ou objectif, dont les qualités ou les défauts optiques influent dans une large mesure sur la valeur artistique et sur l'exactitude des copies qu'elles servent à réaliser.

Nous ne saurions donc attacher trop d'importance à la perfection des objectifs. Ce sont eux qui exécutent pour ainsi dire l'œuvre graphique; s'ils présentent des aberrations, le dessin final s'en ressentira.

C'est à tort qu'on a accusé la photographie de déformer, de produire des œuvres peu artistiques parce que l'objectif ne sait rien sacrifier, de ne pas respecter la perspective aérienne en donnant quelquefois autant de valeur aux plans éloignés qu'aux premiers plans. La photographie n'est pas coupable de tous ces méfaits. Il n'y a qu'à savoir s'en servir et l'on en obtient tout ce que peut désirer l'artiste le plus exigeant, le savant le plus scrupuleux en matière d'exactitude.

Les exposants d'objectifs sont, pour la France, M. Darlot, dont le nom et les produits sont universellement connus et appréciés, M. Fleury-Hesmagis, M. Français, M. Balbreck aîné, MM. Bézu-Hausser et Cie, Eug. Derogy, C. Berthiot, Roussel et Berteau, M. Gorde, tous opticiens et fabricants, dont les efforts tendent à une continuelle amélioration du principal organe de la photographie.

Dans la section anglaise, nous avons les envois des deux principaux opticiens dont les objectifs sont mis au premier rang parmi les meilleurs instruments de ce genre : M. Dallmeyer et MM. Ross et Cie, de Londres.

Les travaux les plus récents de M. Dallmeyer s'y trouvent représentés par l'objectif à long foyer pour paysage et par le nouvel objectif rectiligne pour paysage qui ont été si favorablement jugés par tous ceux qui en ont fait usage.

Obturateurs. — Un accessoire dont l'utilité s'impose de plus en plus comme indispensable complément de l'objectif, c'est l'instrument désigné sous le nom d'*obturateur rapide* ou *instantané*. Si l'objectif doit y voir aussi bien que l'œil, il doit encore y voir plus loin et plus vite. Cette rapidité de vue doit être établie, mesurée même, par l'emploi d'outils spéciaux dont le nombre et la variété sont aujourd'hui sans limite.

Ils doivent ouvrir et fermer, ou obturer l'objectif, dans une durée de temps qui peut n'être que de quelques dixièmes, centièmes ou même millièmes de seconde. L'imagination des inventeurs s'est donné carrière dans cette voie; de là, les modèles si variés d'un outil dont l'objet n'est que d'ouvrir et de refermer presque aussitôt l'objectif.

L'idéal à atteindre, en pareil cas, consiste dans la construction d'un obturateur susceptible de marcher sans secousse pour ne pas faire vibrer la chambre noire, de fonctionner pendant un temps mesuré, réglé à l'avance, de donner une vitesse de vision qui peut aller jusqu'au 1/500 de seconde et au-dessous, d'être peu volumineux, léger et d'un emploi facile.

La plupart des nouveaux modèles répondent, dans une certaine mesure, à ce desideratum. Généralement ces instruments sont livrés sans une indication suffisamment précise, quant à la durée de leur fonctionnement par rapport aux vitesses variables qu'ils peuvent fournir; il y a lieu de le regretter et d'insister sur la nécessité de cette indication.

Plus nos produits sensibles sont rapides, plus il convient d'accroître la rapidité des obturateurs et de savoir, par suite, à quel degré maximum elle doit atteindre en pleine lumière et de quelle réduction connue elle est susceptible quand on opère avec une lumière d'un degré d'intensité moindre.

Les obturateurs exposés sont assez nombreux; il y a notamment ceux de MM. Thury et Amey, de Genève. Leur réputation est faite, ils comptent parmi les meilleurs et les plus rapides.

M. Dallmeyer a exposé des obturateurs de son invention fort bien compris. Nous en trouvons à la section française divers modèles construits par MM. Dessoudeix, Français, Faller, Fleury-Hermagis, Gorde, Gillon, Marco Mendoza, Guerry, Roussel et Berteau, Zion, Marcily.

La description de chacun de ces auxiliaires du photographe nous entraînerait trop loin. Nous croyons pouvoir dire pourtant qu'aucun d'eux ne réalise encore d'une façon complète l'idéal que l'on peut désirer en matière d'obturateur instantané. Il reste cependant peu à faire pour qu'on y arrive.

Chambres noires. — Les chambres noires de toute sorte abondent et l'on doit remarquer, surtout, l'ébénisterie, très soignée, de nos principaux constructeurs : MM. Jonte, Gilles frères, Eckert, Mackenstein, Fauvel, puis encore les travaux de même nature des maisons Martinet, H^te Martin. Dans la section anglaise se trouvaient de remarquables spécimens d'ébénisterie photographique des maisons Watson et Sons, de Londres, Sand et Hunter, et Shew et Cie (Londres).

La maison Nadar, s'inspirant du fini de cette ébénisterie, a fait établir des types d'appareils qui lui appartiennent et dont l'exécution ne le cède en rien à celle des constructeurs anglais.

Divers modèles, exposés par MM. J. Audouin, Marco-Mendoza, Derogy, Français, Dessendier, Dubroni, Enjalbert, Fleury-Hermagis, Fruchier et Pottier, Gorde, Guiton, Hanau, Gillon, Guyard, Laverne et Cie, Mario-Carquero, A. Dehors et A. Delandres, Ch. Mendel, Moëssard, Molteni, Morgan et Cie, Perrenoud, Léon Picard, Mlle Picq, Sauret, Schaeffner, Antoine Witz, mériteraient un examen détaillé si l'étendue de ce travail, déjà bien grande, permettait d'y insister.

Nous pouvons dire que chacune des maisons qui viennent d'être citées apporte dans l'exécution, soit directe, soit en seconde main, des instruments qu'elle livre, un soin et une recherche du bien et du bon qui fait que leurs appareils sont généralement dignes d'être recommandés. Évidemment toutes ces maisons ne sauraient être considérées comme construisant immédiatement, ainsi que cela a lieu chez MM. Gilles, Martinet, Eckert et d'autres encore; mais elles ont toutes le mérite, en faisant construire pour leur compte, et souvent par des ouvriers qui ne travaillent que pour elles exclusivement, de s'inspirer de tous les progrès les plus récents et de veiller à ce que l'exécution, quant à l'ébénisterie proprement dite, ne laisse rien à désirer.

Les chambres portatives sont assez nombreuses; nous pouvons citer les divers modèles de MM. Fetter, Darlot, Fauvel, Enjalbert, Français, Guiton, Hanau; la chambre Guyard à rouleau; Marco-Mendoza; les détectives Nadar; le *Kodak,* de la maison Eastman et Cie, de New-York; l'appareil portatif de M. Molteni; l'*Escopette,* de M. Darier (section suisse), exposée par M. Boissonnas, appareil très ingénieux muni d'un châssis à rouleaux comme le Kodak.

Photographie automatique. — Un appareil tout spécial et qui a fait sa première apparition dans une exposition est celui de M. Enjalbert destiné à faire de la photographie automatique.

Le procédé employé est celui que l'on désigne sous le nom de *ferrotypie;* un ingénieux mécanisme, dont l'électricité est le moteur, fait marcher l'appareil dans lequel toutes les opérations sont automatiques. La plaque est collodionnée, sensibilisée, puis exposée, et après la pose elle est développée, lavée, fixée, relavée, séchée et vernie.

IMPRIMERIE NATIONALE

· · Il a fallu beaucoup de patience et d'ingéniosité pour réaliser tout cet ensemble d'opérations dans un espace relativement restreint et sans qu'il y ait, pour ainsi dire, autre chose à faire que de donner l'impulsion première. Il est seulement à regretter que cet appareil automatique n'ait pas été construit pour l'emploi d'un procédé moins compliqué que la ferrotypie.

Avec des plaques ou pellicules au gélatino-bromure, on arrive à faire très facilement de la photographie positive directe; on se demande pourquoi M. Enjalbert n'a pas choisi ce dernier procédé, qui lui eût permis d'éviter la grande complication du collodionnage et de la sensibilisation, tout en ayant, pour l'impression du positif, plus de rapidité encore et plus de solidité et de propreté lors des opérations du développement, du fixage et du lavage. On ne peut qu'admirer sa patience et aussi ses aptitudes mécaniques, mais que n'ont-elles été employées d'une façon plus pratique!

Appareils scientifiques. — Parmi les appareils nouveaux, nous pouvons signaler le cylindrographe et l'instrument propre à la détermination des éléments d'un objectif, par M. le commandant Moëssard. Ces deux outils, admirablement combinés par leur inventeur et fort bien exécutés par M. Fauvel, font le plus grand honneur au savant commandant.

Un autre appareil d'une mise en œuvre délicate, mais dont l'application ultérieure à des travaux automatiques pourra se vulgariser, c'est la machine imprimante automatique de M. Dessendier.

C'est ici la lumière qui règle la marche de l'instrument, et l'impression des épreuves s'accomplit en plus ou moins de temps suivant que la lumière est plus ou moins intense. Des bandes sans fin de papier sensible se déroulent, se posent et s'enroulent après l'exposition automatique, une fois qu'elle est bien réglée, et sans que l'on ait à y toucher.

Le problème à résoudre était fort complexe et M. Dessendier est parvenu à satisfaire à tous les points du programme qu'il s'était tracé. Un premier organe, qui est son photomètre enregistreur ou moteur, devait, par l'action de la lumière, devenir un régulateur, produire un mouvement au moment voulu et diriger le mécanisme mû, d'autre part, par l'électricité.

· C'est à l'aide d'un mélange de chlore et d'hydrogène, gaz qui se combinent sous l'influence des rayons lumineux, même très faibles, que M. Dessendier a créé son photomètre.

Son châssis multiple à rouleaux, ses porte-clichés, ses écrans uniformisateurs de l'intensité, constituent tout un ensemble vraiment ingénieux et qui a dû lui coûter bien des recherches. Le principe du moteur lumineux est dans un rapport exactement proportionnel à l'intensité lumineuse; ayant été trouvé, il ne reste plus qu'à rendre cet appareil plus pratique, à le mettre à la portée du plus grand nombre et il rendra alors de très sérieux services.

Accessoires et produits photographiques. — Les accessoires photographiques de toute nature abondent; il suffit de citer des noms : celui de M. DEMARIA rappelle la spécialité complète de la verrerie photographique. En écrivant ici les noms de MM. J. AUDOUIN, J. BOURDIN, Henri CARETTE, DECOLDUN, SCHAEFFNER, GARIN (ces deux maisons fabriquent spécialement du papier albuminé d'excellente qualité, et leurs produits de cette sorte sont très favorablement appréciés), A. DEHORS et A. DESLANDRES, DESOR, TARGET, DUBRONI, FRANÇAIS, MARION fils et Cie, P. NADAR, Ch. MENDEL, VÉRA et MARTIN, MOLTENI, Léon PICARD, nous avons la conviction de ne parler que de maisons consciencieuses toutes vouées à la recherche du nouveau et du progrès sous toutes ses formes. La PAPETERIE DE RENAGE fait, de son côté, de grands efforts pour tenir, à la disposition des applications photographiques diverses, des papiers d'une qualité supérieure.

On ne saurait mieux faire, en ce qui concerne les cartonnages photographiques, que de citer la maison NACIVET; d'autres exposants ont envoyé des produits similaires, ce sont : MM. HILD, LANDRY et DECHAVANNES.

Quelques maisons se sont fait une spécialité des produits chimiques propres à la photographie; ont exposé : MM. POULENC frères, si justement réputés pour la pureté de leurs produits photographiques, Paul ROUSSEAU et Cie, la SOCIÉTÉ CENTRALE DES PRODUITS CHIMIQUES, TARGET, MARINIER père et fils, MERCIER, sans parler de la plupart des dépositaires qui, presque tous, exposent des produits dont ils ne sont pas les producteurs

En mentionnant encore le chevalet automatique de M. PERLAT et quelques produits relatifs à la coloration des photographies, ceux, notamment, de M. Ch. DARIER, nous en aurons fini avec les produits et appareils pour la section française.

Les fonds de M. SEAVEY, de New-York, ont une réputation faite et qui nous dispense d'en parler autrement.

Déjà nous avons cité les papiers au charbon ou mixtions des maisons Braun et Lamy. Il y a, à mentionner, dans la section belge, un intéressant envoi de ce genre par la maison VAN MONCKHOVEN, de Gand, qui fabrique ce produit sur une grande échelle et d'une façon supérieure.

Rien à signaler, en plus, dans les sections étrangères en ce qui concerne le matériel et les accessoires photographiques.

Sources de lumière. — Bien que la lumière solaire ou naturelle soit, de beaucoup, la plus employée dans les travaux photographiques, il est très fréquemment fait emploi de sources de lumière artificielle. L'électricité, la lumière du gaz de l'éclairage, celle de lampes oxyhydriques du magnésium en combustion et, surtout, de l'éclair magnésique sont d'un usage de plus en plus répandu et le seront davantage à mesure que l'on disposera de produits plus sensibles.

Passons aux applications.

CHAPITRE VI.

APPLICATIONS DE LA PHOTOGRAPHIE.

On pourrait en deux mots résumer tout ce qui peut avoir trait aux applications de la photographie en disant que, d'une façon absolument générale, elle rend tous les services que peuvent rendre les arts du dessin, avec cette différence qu'elle exclut toute crainte d'interprétation, étant le procédé de copie le plus fidèle, puisqu'il n'est qu'un moyen de fixer le reflet des sujets eux-mêmes. Nous ne savons quel est l'écrivain, Balzac croyons-nous, qui pensait qu'il y avait dans le portrait photographique quelque chose qui se détachait de la personne et concourait à la formation de l'image daguerrienne.

Cette explication du phénomène de l'impression par la lumière pouvait être pittoresque, mais elle se rapprochait dans une certaine mesure de la vérité. Ce sont bien les rayons lumineux renvoyés par les objets photographiés qui, après avoir touché ces objets, sont réfléchis par eux et vont produire sur la plaque sensible des effets proportionnels à leur intensité et à leur couleur.

L'original n'a certes rien perdu de ses éléments, mais il a pourtant produit une image comme celle qu'on voit dans un miroir, et cette image, au lieu d'être fugitive, s'est trouvée fixée; elle est devenue ainsi un témoin fidèle, absolument authentique, de l'état extérieur de la personne ou de l'objet photographiés.

On imagine tout de suite les applications sans nombre qu'il est possible de faire d'un pareil moyen de copie; évidemment il devait devenir pour l'*art,* pour la *science* et pour l'*industrie* un auxiliaire sans rival, et c'est bien ce qui a eu lieu. Chaque jour, de plus remarquables applications sont faites de la photographie, surtout depuis qu'elle est devenue plus rapide, depuis aussi que, par les méthodes d'impression photomécaniques ci-dessus décrites, elle permet de multiplier les copies à l'infini.

Ainsi que nous l'avons dit plus haut, elle a étendu par des moyens d'investigation plus prompts que la vision humaine, par une pénétration plus profonde dans les deux infinis, l'infiniment grand et l'infiniment petit, le champ de l'activité et des découvertes scientifiques; elle est parvenue même à faire voir ce que notre œil n'aurait jamais vu sans elle.

Nous allons parcourir rapidement ces trois grandes applications de la photographie.

Application de la photographie à l'art. — Quel moyen plus précieux et plus exact de créer l'inventaire des richesses artistiques, soit en reproduisant les œuvres qui appartiennent au passé, soit en créant pour l'avenir, grâce surtout à l'emploi des procédés inaltérables, des documents sans nombre et d'une vérité incontestable !

Les magnifiques spécimens de la maison Braun et Cie, reproductions des chefs-d'œuvre des maîtres anciens et modernes, donnent une idée de la puissance de reproduction de la photographie. Grâce à l'emploi raisonné de produits sensibles appropriés à la nature des œuvres à reproduire, leurs copies ont toutes les valeurs relatives des luminosités vues par l'œil dans les œuvres originales. MM. A. Block, Lévy et Cie, Neurdein, Ed. Hautecœur nous montrent encore des reproductions soignées d'œuvres d'art. Nous nous permettrons de recommander à ces éditeurs l'exemple donné par la maison Braun dans l'emploi des couches sensibles orthoscopiques et dans les tirages indélébiles assurant la durée illimitée des épreuves. Déjà, nous le constatons avec plaisir, M. A. Block est entré dans cette voie en organisant dans ses ateliers la platinotypie et la photoglyptie.

C'est là un conseil à donner notamment à MM. Alinari frères, de Florence, dont tout le monde connaît les remarquables travaux, malheureusement présentés à l'Exposition à l'état d'impression à l'argent.

Mlle Chancot a fait une application originale de la photographie à la reproduction de silhouettes et ombres chinoises. L'éventail ainsi décoré est charmant. C'est là l'indication d'une voie spéciale dont il peut être tiré un parti utile pour des illustrations dans le genre de celles de Caran d'Ache.

Monuments historiques. — M. Mieusement, Mlle de Janssens, MM. Lampué père et fils, à Paris, M. Troupette, à Reims, se sont fait une spécialité des reproductions archéologiques.

M. Mieusement a déjà reproduit un très grand nombre de monuments historiques; ses clichés sont au nombre de plusieurs milliers et ils sont exécutés par un maître en la matière, non seulement au point de vue du procédé proprement dit, qu'il connaît fort bien, mais encore en vue de l'œuvre elle-même, qu'on n'est apte à accomplir dans d'excellentes conditions que si l'on connaît l'histoire archéologique et l'art architectural. A cet égard, M. Mieusement interprète tout en copiant; il sait montrer de l'œuvre à copier, à conserver par le dessin, à faire survivre de la sorte à sa ruine matérielle, ce qu'elle présente d'intéressant, d'utile à connaître, à étudier. Quel regret que tous ces clichés ne soient imprimés au charbon ou par tout autre moyen capable d'assurer la stabilité et la plus grande expansion de cette collection remarquable !

M. Julien Laferrière, à la Rochelle, a eu la bonne inspiration de faire imprimer en héliogravure son intéressant album de *L'Art en Saintonge et en Aunis*. M. J. Robuchon a illustré son ouvrage sur les paysages et monuments du Poitou avec des planches en héliogravure et en photoglyptie. Exemples à imiter.

Portrait photographique. — Le portrait d'après nature est-il de l'art ? Il peut, il doit être de l'art, et c'est tant pis si, parmi les photographes portraitistes, il en est qui ne soient pas de vrais artistes.

Nous pouvons, parmi les photographes de portraits dignes d'être assimilés à des œuvres d'art, citer dans la section française, pour Paris, MM. Nadar, Braux et Cie, puis M. Paul Boyer. Nous rencontrons encore çà et là des œuvres vraiment artistiques; telles sont celles de M. de Saint-Priest, un amateur photographe habile; de M. Otto, photographe, à Paris. En province, nous citerons surtout M. Bellingard, de Lyon, dont les portraits réellement artistiques offrent la qualité d'être imprimés au charbon. M. Bouillaud est aussi dans ce cas; ses épreuves sont de petits tableaux de genre.

Quelques autres photographes, en tête desquels M. Chéri-Rousseau, de Saint-Étienne, MM. Faure père et fils, à Lille, M. Provost, à Toulouse, M. Martinotto, à Grenoble, présentent une œuvre sérieuse. M. Sauvage, de Fontainebleau, mérite surtout une très bonne mention par le soin et la délicatesse apportés à ses œuvres d'une valeur peu commune.

Parmi les amateurs, nous avons encore M. Haincque de Saint-Senoch, dont le travail, généralement très distingué, révèle une double aptitude à la recherche artistique et à la connaissance parfaite de l'opération photographique. MM. Berthaud frères, Pinou, Chalot, Mourgeon, Chary sont des photographes portraitistes dignes d'être appréciés; nous en dirons autant de M. Mathieu-Deroche, qui imprime à ses œuvres je ne sais quel cachet personnel qui les fait remarquer tout de suite.

Citons encore Mme Hermann, qui réussit si bien les portraits d'enfants; M. Barco, de Nancy; M. Louis Martin, de Nantes, qui a le mérite de faire ses impressions au charbon; M. Reutlinger fils (Paris); MM. Karsenty (Alger), Gervais-Courtellemont (Alger), Pettersen (Copenhague), Zeyen (Belgique), Marks (Chili), F. Arenas (Barcelone), Debas (Barcelone), Diaz et Spencer (Chili), Esplugas (Barcelone), Bernhaert (Luxembourg), Louis Alman (New-York), Numa Blanc (Monaco), Witcomb, épreuve au platine (République Argentine), Samuel Boote (République Argentine).

S'il nous fallait maintenant citer tous les portraitistes, nous aurions à copier une bonne partie du catalogue. La plupart de ceux que nous regrettons d'omettre constituent ce que nous appellerons *la bonne moyenne du talent photographique,* mais sous réserve de quelques critiques quant à la valeur artistique de leur œuvre d'ensemble. On serait fondé à leur demander d'être plus difficiles, d'user de plus de recherche dans ce sens.

Dans les sections étrangères, de fort belles épreuves ont été envoyées d'abord par l'Angleterre, où l'on a remarqué les superbes résultats de M. Thomson et de M. Vanderweyde, dont nous avons eu déjà l'occasion de parler. Nous recommandons leur exemple à imiter aux photographes qui se contentent d'une bonne ressemblance alliée à un travail propre et reluisant. Ce n'est pas tout : qu'ils voient plutôt les travaux de M. Vanderweyde.

A côté de ces expositions si dignes de tous nos éloges, nous sommes heureux de pouvoir encore en adresser une part bien méritée à MM. Burnside, de Guernesey; James

LAFAYETTE, de Dublin: MENDELSOHN, de Londres; WALÉRY, de Londres; WERNER et fils, de Dublin: John FERGUS et HOLLYER, de la section anglaise.

Dans la section des États-Unis, les études et portraits de la maison GUÉRIN, de Saint-Louis, et de John SCHOLTEN (même ville) attiraient l'attention des hommes de goût. Il y avait là matière à observations utiles pour les photographes désireux de s'inspirer de modèles heureusement éclairés, drapés et posés.

Dans la section suisse, l'œuvre de MM. BOISSONNAS, à Genève, et celle de M. DE GRECK, à Lausanne, sont à mentionner. L'effort artistique y est visible et souvent il est couronné d'un plein succès.

Dans la section russe, on a également été très favorablement impressionné par les œuvres de MM. FEDESKI (notamment ses transparents sur verre), KHMELEWSKI et SOLOVIOF.

Nous croyons pouvoir arrêter là cette nomenclature pour nous occuper d'autres applications artistiques, celles qui concernent plus spécialement les vues d'après nature, marines, paysages, panoramas, etc., et aussi toute la série d'épreuves instantanées que l'on retrouve un peu partout dans toutes les sections où une part a été faite à la photographie.

Photographies diverses, vues, paysages, etc. — D'abord, dans la section française, nous pouvons nous arrêter un instant en présence des vues instantanées d'un format inusité, de M. GRASSIN, amateur des plus distingués, à Boulogne-sur-Mer.

Les marines directes (50 × 60) de M. Grassin l'emportent sur tout ce qui a été fait dans ce genre. L'œuvre est complète et vraiment supérieure.

Des marines fort réussies ont aussi été exposées par M. BALAGNY, et, outre leurs qualités photographiques et artistiques, elles ont été imprimées, par l'auteur lui-même, en photocollographie. C'est là un mérite de plus, et il est bien grand, puisqu'il a pour conséquence la stabilité des résultats. MM. HIECKEL, GABRIEL sont maîtres dans l'art de reproduire les chevaux à toutes allures; leur exposition à cet égard est des plus importantes. M. NEURDEIN nous a montré de superbes panoramas pris du haut de la tour Eiffel, des instantanés divers fort réussis. MM. BUCQUET et PERPIGNA sont deux amateurs de grand talent; leurs épreuves instantanées ne sauraient être surpassées. M. WOELKER, de Saumur, excelle aussi dans l'art de reproduire les chevaux.

Les paysagistes amateurs sont nombreux; citons parmi les meilleurs MM. LEFÈVRE-PONTALIS, baron DE LA TOMBELLE, comte DE LA VILLESTREUX, PECTOR, Z. LEMERCIER.

Dans d'autres parties de l'Exposition, nous trouvons encore à signaler comme de premier ordre : les portraits, études et les belles épreuves instantanées de MM. FAMIN et Cⁱᵉ et de M. GEISER, à Alger. Dans la section russe, de très belles épreuves de compositions de M. SOLOVIOF, à Saint-Pétersbourg, où le parti pris des éclairages violents n'enlève rien à l'harmonie d'ensemble et ajoute au cachet artistique; de M. FEDESKY, à Kharkow, et KHMELEWSKI, à Pultava, M. DMITRIEF, à Nijni-Novgorod, travaille avec un véritable talent.

Aux États-Unis, nous ne saurions omettre M. Georges Barker (Niagara Falls), dont nous avons admiré les belles vues du Niagara; la Société des amateurs de photographie, de New-York; en Norvège, M. Skoeien, pour ses paysages; M. Balwin Coolige (États-Unis).

En Angleterre, les photographies de paysages de Northumberland, par M. Gibson, à Hexham. Les étonnantes photographies de yachts à pleine voile et marchant par une bonne brise, de MM. West and son, de Londres. MM. Frith et Cie excellent dans le même genre; M. Gros, dans la région sud-africaine.

En Belgique, nous signalerons surtout les photographies instantanées de M. Alexandre, de Bruxelles. Les vieux monuments de M. Gustave Hermans, à Anvers. Au Portugal, les beaux paysages de M. et Mme Carlos Relvas. En Suisse, les vues alpestres de M. Alex. Flury, à Pontresina; de MM. Lienhard et Salzborn, à Coire et Saint-Moritz; de M. Jean Moegle, à Thoune; de M. Otto Pfenninger, à Saint-Gall.

Nous avons encore remarqué les œuvres de MM. Moraïtis (Athènes), Romaïdes (Athènes), Knudsen (Norvège), Camacho (Portugal), Lindt (Melbourne); Ducastelle, Ferrez, Guimaraes (au Brésil); Awson brothers (en Tasmanie); Josuah Martin, à Aukland (Nouvelle-Zélande); Burton frères (Nouvelle-Zélande), Caire (à Victoria), O'Shannessy (à Melbourne); Tutle et Cie, Duncan Peirce (à Melbourne); Peace (Nouvelles-Hébrides). Les albums de la Mission autour du monde, œuvre très importante de MM. Raoul et Jouffroy d'Albans; les travaux de M. de Saint-James sur l'Annam-Tonkin.

Bien d'autres œuvres d'un intérêt artistique mériteraient sans doute une mention, mais nous croyons avoir indiqué les principales.

Applications de la photographie à la science. — Ces applications ne sont pas des moins nombreuses. Déjà nous avons, au cours de cet exposé, parlé des travaux de M. Janssen, de M. Marey, de l'Institut, de MM. Paul et Prosper Henry, dont les premières recherches ont servi de base à l'exécution de la carte du ciel par la photographie. Toutes les sciences sont tributaires jusqu'à un certain point, ou font usage tout au moins de la reproduction photographique.

A chaque pas on pouvait avoir, dans les parties techniques de l'Exposition, la preuve de cette affirmation : ici, c'est le service anthropométrique de la Préfecture de police, qui, sous la direction savante de M. Bertillon, établit tout un ensemble comparé de documents photographiques; ailleurs, nous trouvons la collection si précieuse de tous les travaux de construction navale exécutés dans les ports militaires par les ordres du Ministre de la marine, et par des opérateurs attachés au service des constructions navales. MM. A. Girard, Thouroude, Duchesne, nous montrent des micrographies surprenantes : nous l'avons déjà dit, M. Duchesne a réalisé des agrandissements de plus de 100,000 fois l'original.

Les coupes de bois pour 400 espèces, photographiées au microscope par M. Thouroude, ont apporté un puissant moyen d'investigation et de contrôle à l'étude des essences forestières.

Le service photographique de la Salpêtrière, avec M. Londe, sous la direction de M. Charcot, enregistre les phases des diverses affections nerveuses et cérébrales qui relèvent de cette clinique.

M. Gaston Tissandier, M. le commandant Fribourg ont fait merveille dans la photographie aérostatique. M. Ducom nous a présenté aussi de la photographie en ballon très réussie. M. Moussette a parfaitement réussi dans la reproduction des éclairs.

M. le capitaine Colson a apporté plus de précision dans l'emploi du trou d'aiguille au lieu et place de l'objectif, méthode antérieurement préconisée par M. Mereux qui nous a montré quelques-unes de ses œuvres ainsi obtenues.

M. Damaschino a fait à l'étude de la médecine une application des plus intéressantes et des mieux présentées de la photomicrographie et de la photographie. M. Audra nous a montré la reproduction d'une femme hystérique durant les diverses phases de son sommeil.

Des appareils à projections ont été exposés par M. Molteni et par MM. Laverne et Cie.

Les maisons Molteni, G. Lévy et Cie, A. Block, Lachenal et Cie exposent un certain nombre de sujets à projeter. M. Henri Ménier nous montre de la sorte toute une collection nombreuse et vraiment remarquable de ses voyages dans les mers du Nord.

M. le prince de Monaco a, de son côté, fait un intelligent et habile emploi de la photographie dans ses voyages scientifiques. Les épreuves par lui exposées sont vraiment intéressantes à examiner, sans parler du courage qu'il a fallu déployer, parfois, pour les obtenir. M. Hugues Krafft nous a aussi fait assister à ses voyages en Orient et en Allemagne par une exhibition d'épreuves fort bien réussies.

Citons encore les cartes géographiques de la maison Gaultier, de Paris.

Les applications de la photographie à la science sont moins nombreuses dans les sections étrangères; pourtant, nous en trouvons de beaux exemples aux États-Unis dans l'exposition de l'*United States geological Survey*. Cette œuvre considérable est formée de transparents photographiques au gélatino-bromure d'argent, montrant la topographie des diverses portions des États-Unis. Le nombre de ces épreuves de grand format (50 × 60) est considérable.

Mentionnons encore les belles photographies de la lune exposées par l'Université de Californie sous la direction de M. Holden.

Une œuvre d'une grande portée est celle de M. Rowland, professeur de physique. Avec un appareil de son invention propre à la décomposition de la lumière blanche, réseau de diffraction, il est arrivé à reproduire le spectre solaire dans des conditions plus complètes et qui ouvrent une nouvelle porte vers un infini des plus curieux.

On sait quel admirable moyen d'analyse chimique nous devons à l'observation des spectres des diverses substances. Les travaux de M. Rowland dans cette voie et ses vues spectrales agrandies fourniront matière à des études encore plus précises et à des découvertes dont on ne saurait prévoir l'importance.

Les photographies de la couronne du soleil par M. Tabor, de San Francisco, méritent aussi une attention toute spéciale.

Application de la photographie à l'industrie. — Nous rangeons dans cette catégorie d'applications toutes celles que l'on fait aux reproductions de travaux publics, d'intérieurs d'ateliers, de constructions, sans parler des cartes d'échantillons, des copies de toutes les œuvres industrielles de n'importe quel genre.

Parmi les photographes qui excellent dans l'art de reproduire les travaux d'art, nous devons citer en tête M. Terpereau, de Bordeaux, dont les albums de tous les travaux exécutés sur les chemins de fer du sud-ouest de la France sont vraiment remarquables.

M. Cayez, à Lille, a exécuté de très beaux travaux photographiques d'après des intérieurs d'usine; on ne saurait faire mieux.

MM. Berthaud frères, Sylvestre et Cie pratiquent la photocollographie industrielle avec un grand succès.

MM. Sylvestre arrivent à des résultats peut-être moins coûteux quand ils transforment le texte en une composition photocollographique qu'ils impriment ensuite simultanément avec les vignettes.

MM. Dujardin, G. Petit, Yves, Michelet, Fernique accomplissent journellement des travaux industriels qui ont le mérite d'être imprimés par des procédés de photogravure.

Dans la voie des dessins reproduits photographiquement en vue d'applications industrielles, nous avons cité déjà les maisons Aost et Gentil, Bay, Clarisse Joltrain, Riegel et Claude.

Citons encore les travaux de reproduction industrielle de M. Lambel (de Paris); l'application intéressante tentée par M. Abel (Paris) de la décoration du mobilier à l'aide de la photographie.

Il suffisait de circuler n'importe où dans l'immense Exposition de 1889 pour rencontrer à chaque pas des applications de la photographie à l'industrie. Nous n'avons pas à y insister davantage.

Nous indiquerons seulement, pour mémoire, des applications à la photominiature et à la peinture.

Les spécimens exposés par MM. Darier, Le Deley, G. Dreyfus, Bilco, Moreau frères, Beaugrand répondent à cet ordre d'idées.

Parmi les applications diverses, celles, par exemple, à la vision stéréoscopique, nous citerons, à côté des appareils très bien faits de MM. Fruchier et Pottier, les belles collections de MM. G. Lévy et Cie, A. Block, Lachenal et Cie. Citons aussi dans la section italienne les vues sur verre de M. Benatelli, de Vérone.

MM. Vallot frères ne sont surpassés par personne dans l'exécution de photographies sur bois et sur cuivre à graver.

M. Taluffe exécute des timbres en caoutchouc avec lesquels on peut imprimer un portrait. Ce travail dérive de la transformation phototypographique dont il a été question plus haut. Pour être parfait, il doit procéder d'un cliché typographique bien complet et à réseau suffisamment serré, sans pourtant l'être trop.

M. Louis Bézien (Paris) s'est fait une spécialité de la carte d'identité. Disons à cet égard que l'on est bien lent à comprendre la nécessité pratique de cette carte si utile dans une foule de cas.

M. Laplaud (Paris) a créé le certificat scolaire complété par le portrait du titulaire. Pourquoi ne pas user de procédés donnant des impressions durables?

M. Michaud est arrivé à produire des cylindres imprimeurs propres à l'impression des tissus et à frapper les velours: ces rouleaux sont profondément creusés dans les parties gravées; ils suppléent très avantageusement à la gravure à la main.

M. Mauvillin (de Paris) transporte des portraits au charbon sur toile à peindre.

Nous cherchons vainement dans les sections étrangères des applications particulières de la photographie. Un seul fait de ce genre se produit au Portugal, où M. Rostaing a fait des essais encore incomplets de décoration céramique sur de la faïence.

Nous n'avons rien dit des applications de la lumière artificielle à la photographie; il en est pourtant quelques exemples. D'abord M. Paul Audouin nous a montré tous les intéressants travaux qu'il a exécutés avec le gaz de l'éclairage.

MM. Liébert et Chary ont des épreuves très belles, exécutées à la lumière électrique. M. Vanderweyde, à Londres, fait usage de ce dernier éclairage avec le plus grand succès.

On aurait pu s'attendre à rencontrer un plus grand nombre d'épreuves obtenues avec l'éclair magnésique, mais nous n'avons pu découvrir, dans ce genre, que les épreuves très remarquables de M. Paul Boyer, dont les vues des salons de l'Élysée sont aussi complètes que possible.

M. Paul Boyer use d'une méthode d'éclairage de son invention; il fait agir simultanément plusieurs foyers de façon à répartir convenablement la lumière. La poudre de magnésium est insufflée à l'aide d'un soufflet et de tubes en caoutchouc sur diverses lampes à alcool disposées aux places voulues.

Collectivités. — Plusieurs expositions collectives figuraient dans la classe 12. Celle d'abord *des applications de la photographie aux sciences et aux grandes administrations*, comprenant les envois dont il a été question dans d'autres parties de ce rapport de MM. R. Colson, C. Fribourg, A. Girard, P. et P. Henry, Janssen, A. Londe (Salpêtrière), Dr Marey, Ct Moëssard, Ch. Moussette, Thouroude, G. Tissandier.

Il y avait encore l'intéressante exposition de la Société photographique du nord de la France (à Douai), contenant des épreuves et des appareils photographiques; l'exposition de la Société d'excursion des amateurs de photographie, contenant une belle collection d'épreuves exécutées par les membres de cette société, présidée par l'honorable

M. Gaston Tissandier; l'exposition de la Société d'études photographiques, à peine créée et pourtant déjà en bonne voie de progrès; M. Balagny en est le président. M. Rongier exposait la collection du journal *L'Amateur photographe*.

Ajoutons à ces collectivités l'envoi de la Société des amateurs de New-York, celui de la Société des touristes de Finlande.

Il nous reste à parler encore des journaux et publications photographiques exposés, avant de résumer ce rapport.

CHAPITRE VII.

JOURNAUX, PUBLICATIONS PHOTOGRAPHIQUES
ET ENSEIGNEMENT.

La presse photographique était peu représentée à l'Exposition de 1889.

En fait de journaux, il n'y avait guère que le *Bulletin de l'Association belge de photographie*, œuvre il est vrai déjà considérable et toujours en progrès, depuis 1874, époque de sa création. L'année 1889 ne compte pas moins de mille pages accompagnées d'un très grand nombre de planches hors texte, sans parler des clichés typographiques.

Nous ne connaissons, parmi les bulletins de Sociétés photographiques, aucune publication qui puisse lui être comparée.

L'Amateur photographe était exposé avec la collection des épreuves lui appartenant; cette publication est rédigée par quelques auteurs d'un talent sérieux.

Une autre publication, dont il ne nous appartient pas de rien dire, *Le Moniteur de la photographie*, figurait aussi dans la classe 12.

Un *Traité encyclopédique de photographie,* par M. Ch. Fabre, a fait sa première apparition pendant l'Exposition. Ce recueil technique s'ajoute à bien d'autres, mais il les complète en même temps par l'étendue des matières et la variété des questions qu'il embrasse.

M. C. Fabre est un des premiers parmi les savants de notre science et nous sommes heureux d'avoir à signaler l'œuvre importante dont il s'occupe d'enrichir la bibliothèque photographique.

Puis une collection déjà considérable d'œuvres photographiques de la librairie Gauthier-Villars dues à tous les spécialistes français, notamment à MM. Davanne, Balagny, André, Fabre, Vidal, Chardon, Colson, Tissandier, Londe, Geymet, etc., et à quelques étrangers : Vogel, Pizzighelli, L. Hubl, Eder, traduits en notre langue par M. Henry Gauthier-Villars.

La maison Gauthier-Villars et fils s'est fait une spécialité de l'édition des ouvrages photographiques; elle apporte à cette publication des soins vraiment exceptionnels; elle donne aux auteurs le concours le plus empressé, et c'est grâce à son dévouement à la photographie que bien des travaux ont pu être publiés sans qu'il ait été tenu compte de l'existence de travaux similaires, sans que les auteurs aient jamais été rebutés dans leurs tentatives de vulgarisation par aucune de ces exigences qui souvent mettent des entraves à la production d'œuvres pourtant utiles.

Nous croyons devoir ici rendre hommage à cette maison, où il est sans cesse fait preuve d'une si parfaite probité industrielle et où le progrès est toujours soutenu, encouragé même au prix de sacrifices importants. Plus la photographie se vulgarise, plus il lui est nécessaire de s'appuyer sur des publications toujours maintenues au courant d'incessants perfectionnements, de découvertes toujours plus nombreuses. Il n'y a qu'à consulter le catalogue de la maison Gauthier-Villars et fils et à suivre sa marche ascendante, quant au nombre des ouvrages photographiques édités, pour se faire une idée des facilités que donne cette maison aux auteurs même les plus inconnus, de l'accueil aimable et désintéressé qu'elle réserve à quiconque s'est fait, avec dévouement, le propagateur des nouvelles méthodes et en général de toutes les connaissances photographiques.

Enseignement photographique. — Nous avons le regret de constater que depuis 1878 l'état de la question relative à l'enseignement technique ou pratique de la photographie est demeuré à peu près stationnaire.

Il semblerait, en présence des services, chaque jour plus grands, rendus par la photographie aux arts et aux sciences, que l'on aurait compris la nécessité d'un enseignement spécial à cette si remarquable application de l'intelligence. D'autres nations, notamment l'Autriche sous la direction du savant professeur Eder, l'Allemagne avec le professeur Vogel, le Japon avec M. Burton, la Suisse dans son École polytechnique, ont organisé un enseignement photographique complet, théorique et pratique. L'Institut impérial de Vienne produit les meilleurs résultats; il fonctionne en plein et l'on en est déjà, bien que les locaux dont on y dispose soient vastes, à regretter l'insuffisance de la place pour y admettre un plus grand nombre d'élèves.

En France, tout se borne à des cours sommaires professés à l'École centrale des arts et manufactures, à celle des ponts et chaussées, à la Société philotechnique et enfin à l'École nationale des arts décoratifs.

De plus, il vient d'être créé une école professionnelle municipale du livre, l'École Estienne, dans laquelle sera enseignée la photographie dans ses applications au livre; c'est sans doute ce que nous aurons de plus complet.

A notre point de vue, tout cela est insuffisant : il devrait y avoir, à l'École des beaux-arts, un enseignement des arts de copie, complémentaire des arts du dessin, ainsi que cela existe à l'École nationale des arts décoratifs; il devrait y avoir des enseignements du dessin en vue de la reproduction et de la retouche photographiques, dans toutes les écoles de dessin de Paris et des départements.

Un institut photographique technique, tel que celui de Vienne, devrait être fondé en France; on n'imagine pas tous les services qu'il rendrait; on ne voit dans la photographie, malheureusement, que son application à l'industrie du portrait, et aussi qu'une sorte de sport fait pour distraire les oisifs, et l'on oublie que pour tous les arts graphiques par la lumière aussi bien appliqués aux travaux scientifiques les plus élevés qu'aux reproductions des plus belles œuvres de l'art, il faut des hommes compétents, habiles dans ces sortes d'opérations comme il faut l'être dans toutes les autres applications pour lesquelles il existe des écoles spéciales.

Cet enseignement, nous le réclamons à cor et à cri depuis longtemps; il s'impose de plus en plus à mesure que les découvertes de la photographie ouvrent à la science des horizons plus étendus.

Le plus souvent, nous voyons les travaux dont la photographie est la base enrayés par l'insuffisance technique des opérateurs.

Sans vouloir les bourrer d'x et d'y, sans tenir à ce qu'ils soient des chimistes érudits, il est utile, indispensable, qu'ils aient des notions de science pure, des parties au moins applicables à leurs travaux, et alors on verra moins de déclassés dans une profession où il semble qu'il soit nécessaire de ne rien savoir pour devenir maître, et alors tomberont les préjugés fâcheux qui planent encore sur cette application, l'une des plus belles parmi celles qu'on admire le plus.

Déjà les publications qui concernent la photographie se ressentent de ce besoin de précision et de science pure, qui ne peut qu'élever, qu'ennoblir ceux qui s'en occupent. L'optique, la chimie, jouent un rôle de plus en plus important dans une science où, grâce à de nouveaux perfectionnements, on arrive à faire de si beaux progrès. La question seule des sensibilisateurs chimiques et optiques pour l'orthochromatisme, de l'image latente, de la photographie de l'invisible, de la micrographie, poussée à des limites non pas les plus extrêmes, mais déjà si éloignées, tout cela ne démontre-t-il pas la nécessité pour le savant, soit de connaître plus intimement l'emploi d'un pareil auxiliaire, soit de pouvoir compter sur des opérateurs suffisamment habiles pour l'aider utilement dans ses recherches?

Dans l'armée, dans la marine, dans toutes les grandes administrations, pour les missions, il est nécessaire d'avoir des hommes plus qu'initiés, mais bien connaissant à fond l'art photographique; et cette connaissance où pourront-ils l'acquérir, s'il n'existe, à divers degrés, un enseignement tel que celui que nous désirons voir organiser?

Le travail isolé implique des dispositions spéciales, et il a besoin du concours de certaines circonstances qu'il n'est pas donné à chacun de rencontrer; tandis que dans un institut où seraient collectionnés les œuvres diverses, les modèles d'outils, les appareils souvent trop coûteux pour une bourse particulière, où seraient professeurs les hommes le mieux au courant des spécialités à enseigner, on deviendrait très vite habile et, qu'on n'en doute pas, cet enseignement serait des plus suivis.

Il n'y a pour s'en convaincre qu'à voir ce qui se passe toutes les fois que doit avoir lieu un cours, une conférence sur la photographie : le public y abonde. Ces questions l'intéressent vivement, lui sont très utiles, et chacun trouve là sa voie, celle des applications qui confine de plus près à la nature de ses travaux.

Espérons que ce nouvel appel n'aura pas le sort de tant d'autres qui l'ont précédé, et que notre administration supérieure de l'instruction publique en France finira par sentir la nécessité d'un pareil enseignement et s'occupera de l'organiser.

Congrès international de photographie. — Le moment de l'Exposition universelle semblait bien choisi pour la réunion d'un Congrès international de photographie. Pourtant
le nombre des adhérents étrangers n'a pas été aussi élevé qu'on l'aurait désiré. L'œuvre
du Congrès ne s'en est pas moins accomplie, et si toutes les résolutions adoptées de-
mandent et attendent encore une sanction plus sérieuse, il n'est pas sans intérêt de
constater que les premiers jalons d'une commune entente ont été solidement plantés.
Divers points ont donné lieu d'ailleurs à des solutions satisfaisantes et tout fait espérer
que cette œuvre première sera continuée et améliorée dans d'autres réunions ayant le
même objet.

Il est difficile d'arriver à s'entendre sur des sujets aussi complexes, et ce n'est
qu'avec une certaine persévérance que l'on verra les savants et praticiens de la photographie adopter les mêmes unités, les mêmes termes, les mêmes méthodes de mensu-
ration et de dosage.

Il convient donc de revoir l'œuvre du Congrès de 1889. Sans la critiquer, il est
permis de croire qu'il est quelques-unes des solutions adoptées qui n'ont encore qu'un
caractère provisoire. La terminologie, par exemple, semble demander un nouvel
examen, il lui faut la sanction d'autres discussions et d'une acceptation plus unanime.
La mise en pratique des moyens de mesurer comparativement la sensibilité des plaques
n'a peut-être pas été suffisamment indiqué. Tout cela attend une revision, un complément d'étude; mais en l'état, ce que l'on fera à nouveau ne sera plus qu'une continua-
tion, et avec d'excellentes bases de discussion, un travail sérieux, entrepris par des
hommes d'une compétence reconnue et appelé à plus de succès encore dans de nouvelles réunions, probablement plus nombreuses, et offrant, il faut au moins l'espérer,
un caractère d'internationalité mieux marqué.

Nous ne pouvions, dans un rapport relatif à la classe 12, ne pas mentionner ce
congrès, qui est une des œuvres utiles accomplies à l'occasion de l'Exposition universelle de 1889.

RÉSUMÉ.

Si long que soit cet exposé, il est bien loin d'être complet, car il nous aurait fallu citer bien d'autres noms et examiner avec plus de détail bien d'autres œuvres exposées et dignes d'être mentionnées.

Cet examen, le jury l'a fait minutieusement; il n'est aucun mérite qui n'ait été sérieusement étudié, discuté, et nous sommes obligé de renvoyer au rang assigné à chaque exposant, dans le *Palmarès,* pour faire connaître, au moins quant à sa sanction, quelle a été l'appréciation du jury.

Nous nous sommes attaché spécialement à donner un aperçu de l'ensemble des connaissances et des procédés photographiques actuels et surtout des œuvres principales exposées dans la classe 12.

Il résulte de tout ce qui vient d'être dit, que l'art et les sciences photographiques, bien que d'un pas un peu moins rapide, n'ont cessé de marcher vers de nouveaux progrès, et que grâce à de très importantes découvertes, celle notamment des plaques sèches à la gélatine, on voit l'emploi de la chambre noire acquérir de jour en jour un développement plus considérable.

La question des applications a été traitée de façon à faire connaître à quel point elle est arrivée, dépassant par des résultats extraordinaires tout ce qu'il était, tout d'abord, vraisemblablement permis de prévoir.

Il reste pourtant un grand desideratum, dont rien ne conduit encore à affirmer la réalisation comme étant une chose possible, mais dont il serait pourtant téméraire de soutenir l'impossibilité.

La science nous fait, par ses découvertes prodigieuses, assister à tant de merveilles, qu'il n'est plus permis de douter de rien, pas même de la possibilité de reproduire directement les objets avec leurs couleurs.

C'est là que nous voulions en venir. Sans reprendre l'historique de cette question, nous dirons seulement que depuis les travaux de MM. Becquerel, Niepce de Saint-Victor et Poitevin, il n'a rien été trouvé de nouveau dans cette voie. Les expériences de ces savants ont été répétées, mais sans qu'il ait été trouvé quelque chose de plus, sans qu'un nouveau fait se soit produit, mettant sur la trace d'un succès plus ou moins proche.

Le problème est d'ailleurs des plus complexes : il s'agit de créer une surface ou un composé sur lequel les rayons réfléchis puissent agir comme ils le font sur notre œil et même d'une façon plus complète encore, puisque ce composé non seulement verrait les couleurs que voit l'œil, mais encore les fixerait.

Cette polychromie naturelle, immédiate, qu'on ne peut s'empêcher de désirer quand on voit sur la plaque dépolie de la chambre noire les admirables tableaux colorés qui

IMPRIMERIE NATIONALE.

y sont réfléchis, serait d'autant plus extraordinaire qu'elle réaliserait la combinaison déjà très compliquée qui résulte de la décomposition des rayons lumineux par les objets éclairés, de la réflexion des rayons non absorbés et de l'aptitude de l'œil à voir avec leurs couleurs les rayons réfléchis jusqu'à lui.

Il se passe là des phénomènes vraiment surprenants qui dépendent non seulement de la nature même de la lumière éclairante, mais encore de l'aspect superficiel des objets éclairés; la résultante de ces deux sortes de faits est l'émission dans l'espace de rayons colorés de toutes nuances en nombre infini, et il faut que la rétine photographique qui fixera ces réflexions, si jamais elle existe, soit douée de la propriété d'être impressionnée par elles au même degré d'énergie et de sensation de la couleur que l'œil humain et aussi à un degré d'activité chimique en rapport non seulement avec la luminosité apparente de chaque couleur, mais encore avec la propriété, plus extraordinaire, de revêtir elle-même cette coloration et de la conserver à l'état d'image fixée, ainsi que cela a lieu pour les images monochromes.

Déjà, en ce qui concerne ces images auxquelles nous ne demandons, comme extrême progrès, que de rendre les valeurs relatives des luminosités, abstraction faite de la couleur elle-même, que de difficultés à vaincre pour arriver à un résultat complet dans cette voie bien autrement simple que celle qui peut conduire à la reproduction des couleurs !

Contentons-nous donc de faire des vœux pour la solution heureuse d'un problème dont on ne peut dire qu'il est soluble, tout en reculant devant l'affirmation contraire, et laissons à la science le soin de démontrer un jour qu'on aurait eu tort de douter de sa puissance [1].

A défaut de toute possibilité actuelle de reproduire les couleurs directement, il reste les divers artifices à l'aide desquels on peut, par œuvre de sélection scientifique, arriver à reconstituer à peu près les couleurs naturelles. C'est là un moyen absolument indirect et quelque peu compliqué, dont MM. Ducos du Hauron et Cros nous ont indiqué il y a déjà pas mal de temps les intéressants principes.

Malgré des tentatives industrielles faites soit par M. Ducos du Hauron lui-même, soit par M. Albert, de Munich, M. Obernetter, de Munich, et d'autres encore, ce procédé n'a jamais rien produit d'absolument satisfaisant; il faudrait, pour qu'il réalisât les promesses de la théorie, ne pas avoir affaire avec des pigments et encres dont la coloration est arbitraire par rapport aux couleurs théoriques du spectre; il faudrait en outre arriver, pour chaque monochrome, à l'obtention d'une sélection absolument théorique des rayons qui doivent demeurer étrangers à la formation des autres monochromes.

De là de grandes difficultés pratiques. En somme, le mieux est, jusqu'à nouvel ordre, de compter sur l'obtention de clichés monochromes aussi complets que possible quant au rendu des valeurs relatives, et de combiner ces images, si exactes quant au

---

[1] Les expériences de M. Lippman, de l'Institut, relatives à l'action des interférences au sein des couches sensibles, semblent marquer un progrès plus grand que ce qui avait été fait jusque-là.

dessin et au modelé, avec des colorations artificielles aussi artistiquement disposées que possible.

En 1878, le rapporteur du jury de la classe 12 s'exprimait ainsi :

« La somme des affaires qui, en France, sont la conséquence des fournitures et produits photographiques est assez considérable et peut se décomposer de la manière suivante :

Produits chimiques.....................................	4,000,000ᶠ
Papiers albuminés.....................................	1,600,000
Cartes, cartons Bristol................................	3,200,000
Instruments d'optique.................................	600,000
Ébénisterie et accessoires de pose.....................	250,000
Matériel divers, vases, cuvettes.......................	100,000
Verres et glaces pour clichés..........................	600,000
Appareils spéciaux....................................	150,000
Presses de divers modèles.............................	80,000
Total.................	10,580,000

« Dans l'industrie photographique, les calculs souvent renouvelés des prix de revient, etc., font entrer les produits et fournitures pour un tiers, la main-d'œuvre pour un tiers, les frais généraux et bénéfices pour le dernier tiers.

« En se basant sur le total ci-dessus, on arrive donc au chiffre de 31,740,000 francs comme représentant l'industrie photographique française. »

Ces évaluations, bien que difficiles à contrôler, n'ont jamais fait l'objet d'une discussion quelconque; elles paraissaient être exactes lors de leur publication.

Depuis cette époque, l'on peut bien admettre que le mouvement commercial et industriel de la photographie s'est au moins développé dans une proportion que nous pouvons bien, sans être taxé d'exagération, porter au double; ce qui donnerait à la photographie et pour la France seulement, en se tenant même au-dessous de ce chiffre, une industrie dont l'importance pourrait être représentée par un chiffre d'affaires annuel de 40 à 50 millions de francs.

Il va sans dire qu'il en a été partout de même à l'étranger, où le développement des procédés photographiques a été tout aussi grand sinon plus considérable qu'en France.

Nous conclurons, en présence de faits aussi éloquents, ainsi que l'a fait notre honorable prédécesseur, quand il déclarait que la photographie était *désormais une branche industrielle assez importante, qu'elle réunissait dans le monde des capitaux assez considérables*, et nous ajouterons qu'elle rend assez de services pour avoir le droit *d'élever la voix et de demander qu'il soit tenu compte de ses besoins et de ses intérêts jusqu'ici trop négligés*, et pour qu'elle ait plus de part à des encouragements que l'on prodigue à des industries moins fécondes et d'une utilité moins générale.

TABLE DES MATIÈRES.

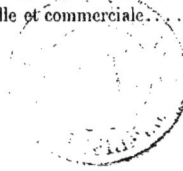